Undergroun

U0172409

城市及建筑安全疏散规划与设计系列

丛书主编　周铁军

亚安全区条件下
城市深层地下建筑空间
模型建构

Model Construction of Urban Deep
Underground Building Space with
the Sub-security Zone Theory

周铁军　著

中国建筑工业出版社

图书在版编目（CIP）数据

亚安全区条件下城市深层地下建筑空间模型建构 =
Model Construction of Urban Deep Underground
Building Space with the Sub-security Zone Theory /
周铁军著. —北京：中国建筑工业出版社，2023.11
（城市及建筑安全疏散规划与设计系列 / 周铁军主
编）
ISBN 978-7-112-29289-9

Ⅰ.①亚… Ⅱ.①周… Ⅲ.①地下建筑物—建筑空间
—空间模型 Ⅳ.①TU93

中国国家版本馆CIP数据核字（2023）第202766号

责任编辑：陈海娇　徐　冉
责任校对：王　烨

城市及建筑安全疏散规划与设计系列
丛书主编　周铁军
亚安全区条件下城市深层地下建筑空间模型建构
Model Construction of Urban Deep Underground Building Space with the
Sub-security Zone Theory
周铁军　著
　＊
中国建筑工业出版社出版、发行（北京海淀三里河路9号）
各地新华书店、建筑书店经销
北京海视强森文化传媒有限公司制版
人卫印务（北京）有限公司印刷
　＊
开本：787毫米×1092毫米　1/16　印张：9½　字数：184千字
2023年12月第一版　2023年12月第一次印刷
定价：**49.00**元
ISBN 978-7-112-29289-9
　（41801）

前言
PREFACE

　　我国是世界地下空间的应用大国，已进入地下空间资源开发的高发期，地下空间开发利用的规模和应用范围正在扩大，并向深层化与分层化、综合化与多样化、网络化与系统化方向发展。相对于地上建筑，地下建筑内部纵深大、出入口少、通风照明条件差、安全逃生方式与途径单一，一旦发生灾害事故更易造成人员的重大伤亡，在同等受灾情况下造成的危害度更高。

　　作者从 2004 年接触到城市公共安全研究开始，就一直坚持不断地开展城市及建筑安全方面的研究。2004—2010 年完成了"人员密集公共建筑安全评价"、"山地城市避难场所设计规划"两个课题的研究，2010 年以来开展了"城市及建筑安全疏散规划设计理论与方法"课题研究，主持完成了"基于社会力模型的地下商业建筑消防疏散设计研究"（51378516）、"应对突发事件的城市商业中心区外部空间步行疏散设计研究"（51678084）、"基于人员体质特征行为的地下空间疏散楼梯设计研究"（51878082）共三项国家自然科学基金面上项目的研究。本书是作者主持的国家自然科学基金面上项目"亚安全区导向的多层级深层地下空间立体疏散网络设计研究（52278005）"之研究内容一"多层级深层地下空间立体疏散网络组织模式"的部分成果。

　　深层地下空间体量大、疏散距离长，其建筑结构与设施也相对复杂，建筑形态呈现向水平扩展的趋势，同时由下至上的疏散方式也使得深层地下空间疏散模式与地上建筑存在明显的差距。这些不同特征为深层地下空间安全疏散设计体系建立带来了极大的挑战。然而，现阶段国内外对深层地下建筑空间设计的理论研究不足，规范匹配性不强，可参考工程案例资源少，对深层地下建筑空间与形态缺乏共同的认识是制约深层地下空间建设发展的技术瓶颈。建构深层地下建筑空间形态、深层地下空间模型，补充和完善深层地下建筑空间设计理论，成为国内外地下空间建设与发展急需解决的问题之一。

　　本书首先阐述了地下空间建设与发展的趋势、特征、面临的问题、国内外相关研究、基本概念，分析了地下空间结构形式和相关案例。基于深层地下空间形态及疏散方式特征，采用分阶段分级的疏散方式，针对深层地下建筑部分区域人员汇集量大、长距离疏散易产生疲劳、人员疏散安全性需求高等问题，利用亚安全区为人员的缓冲、停留及休息提供临时安全保障空间，以亚安全区为节点以及疏散路径作为连线组成的深层地下空间立体疏散网络，从建筑空间形态、基础单元、立体疏散网络等方面建构了深层地下建筑空间模型；在此基础上，从水平疏散通道、竖向疏散设施、亚安全区设置及其分级等方面对建构的建筑空间模型进行了验证，并开展了深层地下建筑空间模型的运用。

本书的出版是为了确立深层地下疏散网络组织模式及亚安全区选址，建立深层地下建筑空间模型，为后续的地下空间疏散规划与设计研究提供基础支撑，以期做到科研协同设计、科研指导设计，对城市深层地下建筑空间设计提供标准、技术性文件与技术保障。

本书的研究成果是作者与三位硕士研究生共同完成的。周铁军与张雯完成了基于分级疏散的深层地下空间亚安全区位置研究；周铁军与王妍淇完成了基于分级疏散的深层地下空间水平疏散通道设计研究；周铁军与丁阳权完成了基于分级疏散的深层地下空间竖向疏散设施设计研究。本书出版也是工作室分阶段分级疏散理论研究及实践一系列成果的有效整理和总结。本书的绘图得到了陈佳怡、熊晶晶两位硕士研究生的支持。在研究过程中，借鉴了很多前辈和同行的研究成果，在此一并致以真诚的感谢。

鉴于水平有限，书中可能存在的不足之处，请广大读者予以指正。

本书受国家自然科学基金面上项目"亚安全区导向的多层级深层地下空间立体疏散网络设计研究"（52278005）资助出版。

目 录
CONTENTS

2　深层地下建筑模型建立技术条件

3　深层地下建筑空间模型构建

4　深层地下建筑空间模型验证

5　不同深层地下建筑空间模型运用

Underground
Building
Space

绪论 1

1.1 背景

1.1.1 地下空间发展呈现深层化趋势

近年来，随着城市人口增加以及交通拥堵、环境污染等城市化发展问题的突出，城市地下空间开发已经成为解决城市问题的一种较为有效的方法。"underground space"（城市地下空间）概念于 1980 年被提出，主要目的是加强地铁建设过程中地下开挖形成的洞穴、管廊、隧道等工程产品的管理。后来，随着地下工程数量不断增加、功能类型日渐多样化，地下空间成为城市"空间"的重要组成部分，其资源性日益突显。为推进这一资源的科学系统性利用，确定了其在城市中的"空间"特性，赋予其"地下空间"的功能属性。地下空间日益趋向于中、深层开发，不断向多层次、立体化、多功能方向发展，空间特殊处理、高效统筹、功能多样化以及安全设计成为地下空间建设的刚性需求。地下空间规模化发展的同时，深层化是地下空间开发利用的趋势之一。国土资源部构建"三深一土"科技创新战略，其中"深地"就是"三深"中的一环。《城市地下空间规划标准》GB/T 51358 中次深层和深层分别指地面 30m 和 50m 以下的地下空间。目前国内已有多个地下埋深超过 50m 的轨道交通站点，如重庆的红土地站、红岩村站等，而国内部分地下人行通道早已达到"百米级"。

1.1.2 地下建筑类型具有多样化特征

现阶段地下空间已趋向多样化发展，除去较为完善的商业建筑交通建筑、仓储外，医疗、农业科学研究也有着向深层化发展的趋势。伦敦地下温室农场埋深约 30m，其稳定的地下气候能减弱季节变换带来的影响，为农场蔬菜提供全年生长的环境[1]。洞穴环境中存在的盐粒被证实有利于某些呼吸道疾病的治疗，由此衍生的洞穴医疗被越来越多的国家选择用以开展医疗活动[2]，其中乌克兰索洛特维盐矿医院是世界最深的洞穴治疗场所，其埋深达 300m。深地实验室已成为各国科学探索的又一大趋势，意大利拉奎拉市地下国家实验室（LNGS）埋深达 1400m，其设有办公室、会议室、电子车间、化工实验室等设施，总面积达 1.73 万 m²。美国杜塞尔（DUSEL）深地实验室规划建设埋深达 2300m，被用以进行暗物质探测、核天体物理实验等科学研究。中国锦屏地下实验室（CJPL）最大埋深达 2400m，其空间包括交通隧道、物理实验室和深部岩石力学实验室等，被用以开展暗物质研究[3]。

　　日本是走在发展地下空间前沿的国家，20 世纪 80 年代初，尾岛俊雄就曾对其进行过深入的探讨，并提出了在 50 ～ 100m 范围内建立封闭的循环型都市体系；另外还有深层地下穹顶的理念，包括深层隧道、分层设置等地下空间相关概念，它将尽量多的城市设施集中在一个穹顶空间之中，可以提高地下空间的连接性，并考虑将文体娱乐设施、生活服务配套、公共服务设施等多个穹顶空间进行连接，从而构成一个地下空间的穹顶体系[4]（图 1.1）。地质条件较好的区域，如北欧等地区，直接在地下山体内进行大面积开凿，形成大跨度空间，如挪威冬奥会冰球馆就属于此类。该种类型的工程与空间特征为具有一到两个主体大空间，并由一系列的地下隧道形成疏散通道，将各个主体功能空间串联，通过水平疏散通道直通室外或者是利用垂直疏散体与室外联通，由此形成深层地下空间独特的交通体系。

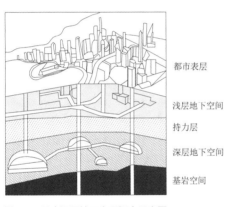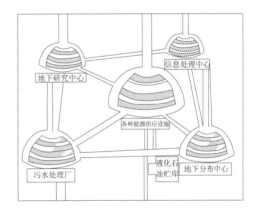

图 1.1　日本深层地下穹顶概念示意图
图片来源：作者自绘

　　与目前浅层地下空间集中开发、分散布局的形式相比，深层地下空间因为尚未进行过大范围的开发利用，所以相对来说，更易于实现工程的合理布置与规划。伴随着现代科技的发展，群穴技术为深层地下空间的建设提供了支持，在此种技术施工下形成的次深层、深层地下空间是由一系列纵横交错的硐室构成，它们与浅层、次浅层地下空间相互隔离。京张高铁八达岭长城站位于新八达岭隧道之内，其车站层数多，硐室数量大，洞形复杂，是我国目前最复杂的暗挖洞群车站[5]（图 1.2）。次深层、深层地下空间也有运用明挖法施工的案例，例如东京的国立图书馆地下书库。

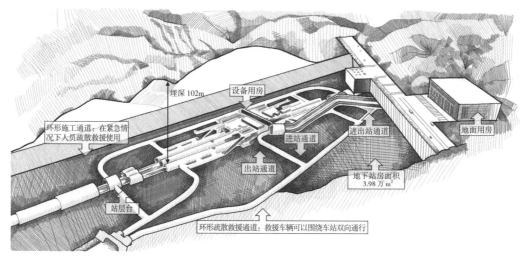

埋深 102m
设备用房
环形施工通道：在紧急情况下人员疏散救援使用
进站通道
出站通道
进出站通道
地面用房
站层台
环形疏散救援通道：救援车辆可以围绕车站双向通行
地下站房面积 3.98 万 m²

图 1.2 京张高铁八达岭长城站示意图
图片来源：作者自绘

1.1.3 现有深层地下空间的建筑形态缺乏共同认识

　　城市空间的不断扩张使得城市规模发生改变，城市空间在地面上呈现明显向水平延伸的趋势，同时建筑纵向高度逐渐增加，交通网络系统也已达到较高发展水平。与之相对应的，在城市地面资源逐渐紧缺之下，地下建筑空间应如何发展已然成为不可忽视的问题。然而，现有与深层地下建筑空间相关研究多以局部疏散楼梯间或地铁站等作为空间场景，对深地环境下的建筑形态缺乏共同认识，现阶段深层地下空间安全疏散中可参考工程案例较少，相关具有针对性的设计理论研究不足，规范匹配性不强。

　　地下空间形态的形成离不开现有施工技术。地下工程的施工方法众多，主要有暗挖法、明挖法、盾构法、顶管法、沉管法等，各类施工方法有自己的施工特点，因此运用在地下空间的场景也不尽相同。相比于浅、中层地下空间，深层地下空间由于埋深较大，人员进出不方便，更适宜采用机械化施工的方式。该类工程场景所涉及施工技术包含大断面的隧道长距离掘进技术、竖井建设技术以及硐室扩大技术等。

　　在施工技术与建造环境的限制下，深层地下建筑呈现与地面建筑结构不同的组成方式——其由硐室、通道、直通地面的垂直疏散设施组成。在此基础上，确立深层地下建筑空间基础模型基本组成结构、确定深层地下建筑疏散模式、配合各类疏散设施，综合现有实际案例、文献案例、国内外规范，最终建立深层地下空间基础疏散模型，为以后深层地下空间形态提供设计参考。

1.1.4 保障人员生命安全是建立深层地下建筑模型的前提条件

深层地下发展安全需求内容多样，包括地质安全、结构安全、施工安全、管线安全、消防安全、防灾安全等方面，其中，保障人员疏散安全是深层地下空间模型设计中的前提条件。发生灾害时，建筑物内的疏散人员独立地或在援救人员的帮助下有序地从灾害发生地撤离至地面安全区域。

然而，在疏散过程中，深层地下建筑疏散方式与地面建筑有明显不同。除建筑内部设施外，地面建筑疏散可借助建筑外部辅助疏散设施，诸如云梯、屋顶等，其疏散方向有由上至下、由下至上、由内至外等多种方式，人员疏散速度更快，且疲劳度产生较慢。但在地下建筑疏散环境中，其空间的封闭性使得人员无法借助其他辅助疏散设施，同时由下至上的疏散方向使得人员更加容易产生疲劳，从而将降低疏散速度，疏散环境中光线不足、通风排烟条件较差等因素也使得地下建筑内人员疏散更加困难。

要保障人员生命安全，就需要确立适宜的疏散方式。深层地下建筑由于受施工技术及场景限制，其建筑特点呈现向水平化拓展的趋势，过于分散的疏散方式，无论是在施工还是疏散组织方面，都存在较大困难。因此，需要将疏散人员汇集到特定区域，而后统一疏散至地面安全区域，这种分阶段疏散的模式决定了疏散方式存在较长的水平疏散距离与竖向疏散距离，在此过程中设置亚安全区可以缓解疏散通道拥堵并为疏散人员提供休息空间，减少疏散人员疲劳度，同时其创造的相对安全空间也能够为人员的生命安全提供有效保障。

1.2 国内外研究

1.2.1 深层地下空间相关研究

国外深层地下空间的研究与实践已经有一定的发展。2001 年，日本通过立法的方式明确了深层地下空间的产权 [6]，目前日本新建的地铁埋深已经超过了 40m；俄罗斯的地铁埋深也早已超过 60m[7]；新加坡深层地下仓库超过 150m，并于 2014 年正式运营，此外新加坡还规划了深层地下科学城等项目的建设，其地下空间的开发已形成较完善的体系 [8]。检索的文献中对深层地下空间开发利用与指标参数的研究还零散见诸地下空间、城市规划、城市设计和城市交通等不同领域。

20世纪90年代，我国地下科学工作者提出从"城市可持续发展"的角度来认识地下空间的开发和利用，认为地下开发的深度可以达到100m，地下空间可以分为浅层、次浅层、次深层和深层，着力于研究不同深度的立体"地下城市"[9]。上述思路和概念主要体现在地下空间的布局上，将地下空间进行了分层，并给出竖向分层的指标。近年来，根据地质构造条件，上海对深层地下空间进行了勘探，在垂直维度上，上海的地下空间分为浅层、中层和深层，从使用角度分为优先开发层、潜在开发层和远景开发层，并根据上海地层的特点，力求在深层地下空间形成具有物流功能的网络。地质学家从地质学角度研究了深层地下空间，将地下空间分为距地表0～500m的基本层、500～1000m的表层结构、1～5km的基岩结构和大于5km的深层地质结构[10]。

1.2.2　分阶段疏散的相关研究

目前绝大多数的分阶段疏散是一个相对于整体疏散而言的概念，指的是对疏散区域进行先后排序再分阶段进行疏散[11]。在分阶段疏散中，警报系统不会在建筑空间的不同区域或高层建筑的不同楼层同时响起。部分学者对于分阶段疏散也有新的定义，即将事故发生区人员优先疏散到较为安全的亚安全区进行缓冲，再统一疏散到安全区域，这一疏散模式适用于与地面直接连通出口较少的深层地下空间。

对于传统概念的分阶段疏散，国内外诸多学者进行了研究。对疏散问题的研究可以追溯到大约50年前，现在仍然是重要的安全研究领域之一[12][13]。20世纪70年代以前，能够尽快同时疏散整个区域所有人员的疏散方式被认为是较为适宜的疏散方式[14]，但是，在观察到由于人群拥挤及人员失控而发生的一些死亡事故后，整体疏散方法的效率受到质疑[15]。各种调查发现，相当数量的疏散事故是由于紧急疏散期间疏散无序或不恰当的决定造成的。特别是在整体疏散的情况下，疏散可能因人员密度过高而不可避免地产生拥堵，进而导致疏散速度下降，并且拥挤本身也会产生一系列安全问题。Proulx[16]认为，高层建筑的疏散既包括完全无控制疏散，也包括选择性的有控制疏散。完全无控制疏散即整体疏散，有控制疏散即分阶段疏散。Pauls[17]等人在加拿大渥太华的两座19层建筑中进行的疏散演习时，使用了分阶段疏散方法，在这次演习中，人员从火灾楼层开始疏散，然后是与火灾楼层相邻的两个楼层，但是这次实验没有直接比较两者的疏散效率。Zhan[18]等人通过研究发现，仅关注疏散速度会意外地导致疏散效率下降，仅考虑最近距离而忽略安全问题的疏散方式并不一定就是最佳疏散方式。在另一项研究中，Zhai[19]等人使用计算机模拟，比较了 11 层、21 层和 31 层建筑的分阶段疏散和整体疏散，在所有建筑楼层实验中，分阶段疏散时间短于整体疏散时间。这项研究发现，分阶段疏散可以将 11 层建筑的疏散时间减少 165s，31 层建筑的疏散时间减少 878s。Koo[20] 等人调查了一栋 24 层建筑中不同人群的疏散模式，在该调查中，他们提出了几种不同的策略，以最大限度有效地疏散不同人员。他们发现，将分阶段疏散应用于轮椅使用者的疏散策略将减少疏散时间，但是他们提出的推迟特定人群撤离的建议是不道德的，也是不被接受的。

深层地下空间中新定义的分阶段疏散研究较少，王大川、周铁军[21] 对深层地下空间分阶段疏散进行了阐释，即优先疏散至较为安全的亚安全区进行缓冲，再通过垂直疏散体疏散至地面。潘高、周铁军[22] 则根据地铁中人行为提出了深层地下空间中分阶段疏散的运行模式。

总体来说，分阶段疏散相比于整体疏散有利于提高疏散的效率与安全性，国内外学者对传统意义上的分阶段疏散研究较多，而对于深层地下空间的分阶段疏散研究尚且不足。深层地下空间中需要将分阶段疏散与疏散设施分级结合，通过对疏散过程分阶段，提高疏散的效率与安全性。

1.2.3　疏散设施与亚安全区的相关研究

《消防基本术语第一部分》中将疏散设施定义为人员逃生时疏散路线中使用的建筑设施，国外相关规范中并没有疏散设施与疏散路线的严格区分。从定义上看，如果自动扶梯和电梯用作疏散路线上的一部分，需要满足疏散设施的相关要求。

1）水平疏散通道相关研究

深层地下空间直通地面的垂直疏散设施数量有限，相比于地面建筑，疏散人员需要消耗比较长的时间在水平疏散通道中，因此有必要在建立建筑空间模型前，对实际案例中水平通道的设计方法展开研究。

在一般建筑中，避难走道按照《建筑设计防火规范》GB 50016 标准进行防火、防烟设计，现主要用在工程项目设计过程及审核过程中来解决大型建筑中疏散距离过长，或难以按照规范要求设置直通室外的安全出口等问题，笔者认为此方法同样适用于解决深层地下建筑中疏散距离过长，直通室外的垂直疏散设施有限这些疏散难题。避难走道是人员在楼层疏散过程中的重要环节和人员疏散汇集的通道，属于消防安全通道中较为特殊的部分，是人员从房间出来的第一安全区，被视为"水平向疏散楼梯"，最开始出现在人防规范中并得到广泛运用。现行避难走道研究集中于避难走道宽度、楼梯间疏散宽度和避难走道疏散设施设计上，部分地方规范和一些研究认为利用避难走道类亚安全区进行疏散的安全出口宽度不能超过对应防火分区设计所需疏散总宽度的 30%。吴和俊[23]等人通过仿真模拟探究多个防火分区通向避难走道的疏散门总宽度与避难走道的宽度之间的动态关系。祁晓霞[24]认为地下空间避难走道的净宽不宜小于 13m，安全出口之间距离不超过50～60m。杨贺明[25]等人认为避难走道的疏散楼梯宽度应根据防火分区通向避难走道的计算疏散宽度最大值计算，并探究了具体避难走道宽度值。季经纬[26]等人建议在走道内不发生拥堵的前提下应适当加大避难通道入口的宽度，甚至可以突破现行规范规定部分要求。刘韧[27]提出借鉴《建筑设计防火规范》GB 50016 中避难走道的概念，可有效解决大型、特大型地下汽车库内每个防火分区不能满足至少有一个出入口直通室外的问题，其宽度不应小于 9m。冯瑶[28]等人通过模拟分析，得出 70% 是避难走道宽度与其连接疏散楼梯宽度之和的合理比值，此时人员在通道内基本无排队、滞留或拥挤现象，且避难走道内人员最大疏散距离不应大于 60m。

　　超长疏散通道还存在于铁路隧道、高速公路等工程中。为解决长距离疏散问题，救援站在铁路隧道中是必不可少的设施，主要包括疏散站台、疏散门和横向疏散通道的设计，在隧道应急疏散安全中的定位可对标深层地下空间安全等级较高的亚安全区或垂直疏散体。在实际工程中，影响紧急救援站间距设置的因素往往是多方面的，应综合考虑坡度、列车性能、人员失误、火灾燃烧因素等多个方面[29]；Ying Zhen[30]等人进行了一系列模型规模的火灾实验，以研究隧道横向通道中的风速的临界速度，防止烟雾扩散；地铁隧道横向疏散门的宽度、间距对人员安全逃生所需时间有着显著的影响，李旭[31]等人通过模拟计算得到疏散口间距为 100m、宽度为 0.9m 的横向疏散通道的推荐设计值。

　　此外，当前的研究中较少有文献以及规范对疏散设施进行分级，国内的《建筑设计防火规范》等规范对各类疏散设施尚未有相应的分级指标。2007 年，美国标准委员会颁布了《轨道交通客运系统标准》，该标准提出了一套关于疏散人数、疏散时间和疏散设施通行能力的计算方法，同时对各类疏散设施的疏散步行速度和相应疏散设施的服务水平分级等指标进行了详细的叙述，将疏散设施分为紧急疏散时的人员通行能力以及正常运行时人员的通行能力[32]；此外，美国 *Transit Capacity and Quality of Service Manual* 及 *NFPA 130* 中对疏散设施进行了分级，规范将疏散设施分为紧急疏散时的人员通行能力以及正常运行时人员的通行能力。美国交通运输研究委员会编制的《公共交通通行能力和服务质量手册》中也有关于分级的概念。如表 1.1、表 1.2 所示。

公共人行通道服务水平分级标准说明 表 1.1

服务水平	说明	人均面积(m²/人)	通行能力 [人/(min·m)]
A	应用在公共建筑、商业中心等无客流高峰的建筑中	≥ 3.3	≤ 23
B	在交通枢纽建筑中,可以应对偶尔不太严重的客流高峰	2.3～3.3	24～33
C	广泛应用在交通枢纽、公共建筑、开放空间等有明显客流高峰而空间受限的场所	1.4～2.3	34～49
D	应用在拥挤的公共空间中	0.9～1.4	50～66
E	应用在体育场、轨道交通换乘通道等建筑中,步行速度减缓至约51m/min	0.5～0.9	67～82
F	行人是拥堵的,应用于等候空间而非交通空间	< 0.5	—

表格来源: 作者参考《公共交通通行能力和服务质量手册》自绘

楼梯的服务水平分级 表 1.2

服务水平	说明	人均面积(m²/人)	通行能力[人/(min·m)]
A	自由行走,无冲突	≥ 1.9	≤ 16
B	自由行走,但是会受到周边影响	1.4～1.9	17～23
C	自由行走但与人群有冲突	0.9～1.4	24～33
D	与人群冲突较大	0.7～0.9	34～43
E	行走困难	0.4～0.7	44～56
F	行走接近停滞状态	0.4	—

表格来源: 作者参考《公共交通通行能力和服务质量手册》自绘

    水平疏散通道分级研究还集中在城市道路规划的尺度上: 我国的《城市道路工程设计规范》CJJ 37 中将城市道路分为快速路、主干路、次干路以及支路 4 个等级,并对各级道路的性质、功能以及技术指标都做出了明确的规定[33];王建军[34]等人提出了确定城市道路合理等级配定性和定量方法的思路;部分学者采用线性规划模型研究城市道路等级配置问题[35]。而国外学者的研究集中在道路交通供求关系方面和路网容量方面,具有代表性的有: 饭田恭敬提出的道路网最大容量评价方法[36];Ford 和 Fulkerson 提出了城市道路交通流模型[37]。另外在台北市都市计划中,将构建四级防灾道路系统纳入防灾空间六大系统之一的做法值得我们关注。台北市根据防灾机制将道路分四个等级[38](表 1.3),其中,第一等级为紧急通道,是城市的主要主通道,灾害发生后可对道路上的人员及车辆实施管制,确保道路畅通;第二等级为救援通道,是城市次级通道;第三等级为消防通道,是消防车辆投入灭火活动时的专用通道；第四等级为避难通道，是为偏远的避难场所、防灾据点而布设的辅助性路径。同时，明确每个城市防灾分区至少应有两条通道从各个方向疏散，防灾疏散干道采取地下方式穿越街道，增加畅通性。

台北市都市计划防灾道路系统分级 表 1.3

分级	性质说明
紧急道路	20m 以上计划道路
	联外快速道路
	联外桥梁
救援输送道路	15m 以上计划道路
消防辅助道路	8m 以上计划道路
紧急避难道路	8m 以下计划道路

表格来源：作者整理绘制

2）亚安全区相关研究

首先是亚安全区的分级问题：在日本防灾体系中，避难场所有相应的等级划分，可以概括成紧急避难、长期避难两大类，共分为三个等级，从而构建了城市总体避难系统，并在日本各级地图上进行了标示。我国《防灾避难场所设计规范》GB 51143 将避难场所分为四类：长期固定避难场所、中期固定避难场所、短期固定避难场所和紧急避难场所（表 1.4）。

各级避难空间划分的标准 表 1.4

场所类别	有效避难面积（hm²）	避难距离（km）	短期避难容量（万人）
长期固定避难场所	≥ 5	≤ 2.5	≤ 9
中期固定避难场所	≥ 1	≤ 1.5	≤ 2.3
短期固定避难场所	≥ 0.2	≤ 1	≤ 0.5
紧急避难场所	—	≤ 0.5	—

表格来源：作者参考《防灾避难场所设计规范》GB 51143 自绘

我国台湾地区则是将防灾避难场所分为四个等级：紧急避难场所、临时避难场所、临时收容场所和中长期收容场所。在城市避难场所中，国内外都有对其层级进行明确的划分，但目前还没有针对深层地下避难空间的层级划分，而对于不同人员数量及密度的深层地下避难空间层级划分是有必要且可行的。

除了城市尺度上对于避难场所的分级，美国的《公共交通通行能力和服务质量手册》对小尺度的集散大厅也进行了分级。如表 1.5、表 1.6 所示。

集散大厅服务水平分级标准

表 1.5

服务水平	人均面积（m²/ 人）
A	≥ 1.20
B	0.9 ～ 1.2
C	0.7 ～ 0.9
D	0.3 ～ 0.7
E	0.2 ～ 0.3
F	＜ 0.2

表格来源：作者参考美国《公共交通通行能力和服务质量手册》自绘

集散大厅服务水平分级标准说明

表 1.6

服务水平	说明
A	人员在队列中可以自由行走和穿梭，移动行为不会对别人产生影响
B	移动等行为会因避让受到较少限制
C	人员可以进行活动，但部分行为会影响其他人，人流密度在舒适区间
D	站立时不可避免地和他人接触。行走时受到很大的限制，只能作为团队向前移动，在该级别下人流移动是不舒适的
E	该级别下无法在队列中自由行走，在这种情形下，大多数时间内疏散人员会因排队产生严重的不舒适
F	该级别下所有人都与他人发生接触，疏散人员严重不舒适。人员无法在队列中走动，并且可能存在推挤而产生的恐慌

表格来源：作者参考美国《公共交通通行能力和服务质量手册》自绘

其次是亚安全区的选址问题：针对高层建筑中避难层（区）的位置设置，不同国家的规范均设有相关规定。新加坡《消防规范》中要求医疗类建筑中每层都应设置避难区域，英国 *Fire safety in the design, management and use of residential buildings*[39] 中要求避难区需要结合楼梯间进行设计，以供人员进行临时休息，同时防止人群拥堵。我国《建筑防火通用规范》要求高层建筑中第一个避难层的楼面至消防登高操作场地之间的高度不应大于 50m。相关研究方面，Alireza[40] 利用 Pathfinder 软件，以避难楼层位置、电梯、楼梯作为自变量，对高层建筑疏散进行模拟，并得出规范中对避难层的参数设定并不一定是最佳方案，实际避难层的设置需要配合建筑类型、建筑总楼层、疏散设施配置等来进行设定。此外，Alireza 还对高层建筑中垂直疏散通道分布位置设计进行了探讨，结合避难层设置在整体疏散中的影响，得出将垂直设施放置在平面两侧将有效减少整体疏散时长[41]。范臣[42] 等人基于人员年龄、性别等参数进行实验，探讨了疏散过程中人员在不同位置的避难层停留的时间与疏散效果影响的关系。

在矿井工程中，不少国家制定了相对完善的标准，形成了避难硐室、救生舱、防护面罩呼吸器等一系列煤矿事故技术装备。避难硐室能够在灾害发生时为工作人员提供安全的避难区域，提供相应资源使工人们能够维持生命直至获救。避难硐室的建造与使用在矿井安全领域中已成为一项共识。针对避难硐室的布置研究方面，栗婧[43] 等人基于矿山安全防护体系，提出以避难所、救生舱和矿井各类安全系统形成救援网络，避难空间应多点布置、可供人员就近逃生。Shao[44] 等人基于地下网络，通过计算工地重要性来确立在最大安全距离下各个工作区域的最佳避难室位置。黄军利[45] 构建了矿井避难硐室选址影响因子系统模型，将其应用于赵楼煤矿，并提出避难硐室选址的优化方案。

城市避难场所选址方面的方法可大致分为三类：多准则决策（MCDM）方法、基于ArcGIS 相关技术的选址研究，以及利用智能优化算法来计算选址问题。陈明利[46] 等人依据管理要素分类，构建了包含 19 个特定指标的评价指标体系以评估体育馆避难服务能力。Chu[47] 等人将危险风险与救援设施相结合，通过层次分析法对避震场所指标进行评定。陈晨[48] 利用 GIS 栅格数据叠加分析，以沈阳市为例筛选出避灾绿地最佳选址。Doga[49] 等人基于 GIS 地理信息，以土耳其伊斯坦布尔居民区为例，通过层次分析法整合出避难区选址指数。MA[50] 等人基于避难人数、疏散距离、疏散时间以及避难面积的多目标数学模型，使用改进后的粒子群优化算法来选择合适的避难场所。Boonmee[51] 综述了应急物流设施选址的确定性、随机性、动态性和鲁棒性模型，认为精确算法和启发式算法的结合已成为解决应急设施选址问题的主流方法。Kilci[52] 提出了临时避难所选址的混合整数线性规划模型，并对土耳其伊斯坦布尔进行了案例研究。Murali[53] 引入疏散需求的不确定性，将避难场所选址问题表述为最大覆盖面的选址问题。Bayram 和 Yaman[54] 考虑了更多的不确定因素，包括疏散需求、疏散网络退化和避难所被破坏的场景，他们将避难场所选址决策与疏散路线分配相结合，提出了基于场景的两阶段随机疏散规划模型。

总的来说，避难场所选址问题可基于空间场景的类型及特点，以实际避险需求为依据进行评估，在提出对应的选址方案后建立模型来验证避难场所设立的有效性。

3）竖向疏散设施相关研究

当前国内《建筑设计防火规范》GB 50016 的规定中自动扶梯和电梯不作为安全疏散设施。但是《地铁安全疏散规范》GB/T 33668 和《地铁设计防火标准》GB 51298 中提到自动扶梯可作为地铁上行疏散的疏散设施，明确了自动扶梯用作疏散设施的可能性。而国外部分国家，如美国、英国、新加坡等已经将电梯疏散列入相关规范中，其中美国总务管理局和国家标准技术研究院建议地下两层建筑设置疏散电梯[55]，并在 2009 年将电梯疏散纳入美国 NFPA101、NFPA5000、ASMEA171 等规范中，并规定了超过地下 4 层的建筑必须设置疏散电梯。英国 BS9999 标准中规定了疏散电梯为必要的残疾人疏散设施。欧洲标准 EN81-73 以及新加坡标准 the Singapore Fire Safety Code 中，将电梯疏散写入了规范中，新加坡甚至把地下建筑分为有疏散电梯和无疏散电梯的建筑。这些国外规范为国内电梯疏散提供了可能性，也为电梯疏散提供了依据。虽然国内少有自动扶梯疏散的规范且暂无电梯疏散的规范，但自动扶梯和电梯可减少总体疏散的时间，也有利于残障人员疏散，为此国内外学者针对楼梯、电梯、自动扶梯疏散进行了一系列的研究。

目前已有深层地下空间的实例且有部分针对深层地下空间的研究，但是现有对于深层地下空间的实践与研究主要为深层地下轨道交通与人员较少的地下空间，对于面积较大、人员较多的深层地下公共空间的研究与实际工程均较少。深层地下空间需要进行分阶段分级疏散，虽然不少学者对分阶段疏散进行了研究，但是深层地下空间的分阶段疏散与传统概念上的分阶段疏散稍有区别，目前只有部分学者对于深层地下空间的分阶段疏散进行了研究，本书重点参考了上述学者的研究成果。而对于疏散设施的分级，目前的规范多针对地面疏散，且对于分级下的疏散设施种类与参数涉及较少，未有可直接用于深层地下空间的疏散设施分级标准。

因此针对以上问题，需要确定深层地下空间疏散分级标准。且由于目前研究中暂未有深层地下空间疏散模型，需要根据分级标准及国内外相关规范建立深层地下空间基础疏散模型。而深层地下空间中竖向疏散耗时长、难度大、风险高、疲劳影响大，因此竖向疏散是整个深层地下空间疏散的关键环节，需要重点考虑。已有的研究表明电梯及自动扶梯均可用于竖向疏散，且能够提高疏散效率。但是不同级别下竖向疏散设施的选用，深层地下空间中不同竖向疏散设施种类适用的深度，以及深层地下空间竖向疏散需要的疏散设施配置等内容都尚不明确。因此，需要对不同级别的疏散设施进行研究，并重点研究不同深度下直通地面垂直疏散体中竖向疏散设施的配置，为搭建和优化深层地下空间疏散模型提供数据支撑。

1.3 基础概念界定

1.3.1 深层地下空间

国内规范方面，现有规范文件对于深层地下空间的层次划分和命名没有统一的标准，我国的一系列地下空间开发条例、地方性政策文件，一般将 30m 作为深层地下空间和浅层地下空间的分界点（表 1.7）。

城市地下空间划分标准 表 1.7

依据来源	定义内容与划分标准
《城市地下空间规划与设计》 GB/T 51358	浅层地下空间（－ 15m 以内）、次浅层地下空间（－ 15 ～－ 30m）、次深层地下空间（－ 30 ～－ 50m）和深层地下空间（50m 以下）
《城市地下空间总体规划》	浅层（－ 30m 以内）、中层（－ 30 ～－ 100m）、深层（－ 100m 以下）
《中国城市地下空间规划编制导则》	表层（0 ～－ 3m）、浅层（－ 3 ～－ 15m）、中层（－ 15 ～－ 40m）和深层（40m 以下）
《浙江省城市地下空间开发利用规划编制导则》	浅层（0 ～－ 10m）、中层（－ 10 ～－ 30m）、深层（－ 30m 以下）
《上海城市总体规划》 （1999— 2020）	表层（0 ～－ 3m）、浅层（－ 3 ～－ 15m）、中层（－ 15 ～－ 30m）、深层（－ 30m 以下）

表格来源：作者整理绘制

结构工程方面，轨道交通工程的施工方法包含明挖法与暗挖法，明挖法是指一种先将地面挖开，在露天情况下修筑衬砌，然后再覆盖回填的地下工程施工方法；暗挖法是不挖开地面，采用在地下挖洞的方式施工，矿山法和盾构法等均属暗挖法。当开挖深度超过一定限度后，明挖法施工难度增大，开挖回填量和造价会高于暗挖法，从技术和经济角度来看，明挖法不再适用，而是采用暗挖法，此时深埋暗挖车站的埋深则指车站出入口的地面标高到人员使用的最底层地面标高。而在对应结构施工规范中（表 1.8），通常以隧道拱顶以上至地面距离作为埋深的计算范围，并通过荷载计算来区分浅埋与深埋。铁路隧道设计相关规范认为深埋隧道洞顶覆盖岩体厚度应大于 2 ～ 2.5 倍塌方高度，因此暗挖法施工条件下的深、浅埋覆盖厚度分界值一般经验值为 20 ～ 30m。

国内相关施工领域的规定　　　　　　　　　　　　　　　　　　表 1.8

规范名称	分界规定	荷载等效计算公式	说明
《铁路隧道设计规范》 TB 10003	当地表水平或接近水平，且隧道覆盖厚度满足公式要求时应按浅埋隧道设计	$H < 2.5ha$； H——隧道拱顶以上覆盖层厚度； ha——深埋隧道垂直荷载计算高度（m），$ha = 0.45 \times 2s-1w$； s——围岩类别，如III类围岩时 $s=3$； w——宽度影响系数，$w=1+i\,(B-5)$； i——B 每增加 1m 时的围岩压力增加率：当 $B < 5m$ 时，取 $i=0.2$；当 $B > 5m$ 时，取 $i=0.1$； B——坑道宽度（m）	当隧道覆盖厚度 H 大于 2.5ha 时按深埋隧道设计
《公路隧道设计规范》 JTG D70	浅埋和深埋隧道的分界可按荷载等效高度值，并结合地质条件、施工方法等因素综合判定	$Hp = (2.0 \sim 2.5)\,hq$； Hp——浅埋隧道分界深度（m）； hq——深埋隧道垂直荷载计算高度（m），$hq = q/r$； q——深埋隧道垂直均布压力（kN/m²）； r——围岩重度（kN/m³）。 （在钻爆或浅埋暗挖法施工的条件下，IV～VI 级围岩取 $Hp = 2.5hq$； I～III 级围岩取 $Hp = 2hq$）	当隧道覆盖厚度 H 大于 Hp 时为深埋隧道

表格来源：作者整理绘制

在地下轨道交通消防疏散相关研究中，常以"通道长度"对人员疏散分界点进行判定，当出入口通道超过 100m 时，对应国家规范、地方标准主要采取诸如增加安全出口、增设消防设备、强化设备及材料等措施来加强安全性（表 1.9）。

地下轨道交通消防疏散相关规定　　　　　　　　　　　　　　　　表 1.9

规范名称	对应规定
《地铁设计防火标准》 GB 51298	从通道与车站公共区连接的口部至出入口计算点的连续长度，其间如有坡道或楼扶梯，则应计算其斜线长度
《城市轨道交通工程设计规范》 DB 11/995	当出口处楼扶梯的提升高度 $H > 10$ m 时，其出入口计算长度按通道口到地面出入口的暗埋段计算长度
《重庆市地铁设计规范》 DBJ 50—244	地下出入口通道的长度超过 100 m 时出入口通道的消防设施设备的供电电缆宜采用矿物绝缘电缆

表格来源：作者整理绘制

从人员疏散行为角度考虑时，相关研究显示，在长距离上行疏散垂直距离超过 10 层左右、垂直高度在 20 ～ 30m 时，由于疲劳影响，人员的疏散速度和疏散速率将显著降低（表 1.10）。

作者 / 文献	上行层数	关键垂直高度值	备注
Junmin Chen	9 ～ 10 层左右	26.24 ～ 28.96m	单人无负重上行实验； 疏散速度和疏散速率将显著降低
Mattias	12 层	42.84m	单人无负重上行实验； 在 20m 处的楼梯设置休息区
Kretz 等	—	25m	垂直上升 25m 后，人员步行速度稳定至 0.44 ～ 0.52m/s（一般速度为 0.49 ～ 0.67m/s）
Delin 等 （综述）	—	20 ～ 30m	对多项楼梯上行运动观察发现，不同性别、年龄人员在 20 ～ 30m 的垂直步行时发生疲劳，并且存在地域差异
Anna-Maria	静止自动扶梯	20m、30m	人员在静止自动扶梯上行时，垂直高度在 20m 以下、20 ～ 30m、30m 以上三个区间的通行效率有显著差异
英国隆德大学 上行疏散实验	—	27 ～ 30m	人员楼梯上行疏散的疲劳临界点为 27 ～ 30m

表格来源：作者整理绘制

　　本书结合结构工程、地下轨道交通消防疏散等领域对埋深的定义，并从人员疏散安全角度出发，结合人员长距离上行疏散的行为学特征，将埋深的概念界定为地面出入口标高到地下空间最底层的垂直距离高度（图 1.3），将地下 30m 作为分界点数值。因此，本书将深层地下空间定义为埋深大于 30m 的地下空间。

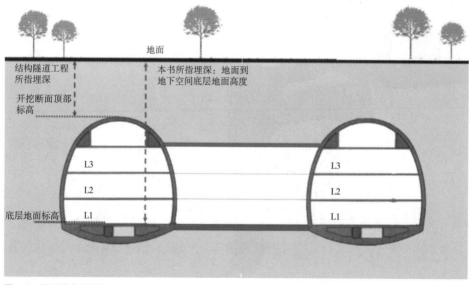

图 1.3　埋深概念示意图
图片来源：作者自绘

1.3.2 深层地下空间安全应急疏散与分阶段疏散

深层地下空间与一般建筑不同（图 1.4），其应急安全疏散具有长距离、大规模的特点。除了利用垂直疏散设施进行上行疏散的疏散组织模式，基于"亚安全区"概念的上行疏散组织方法和模式在地下空间疏散中得到了广泛的应用。

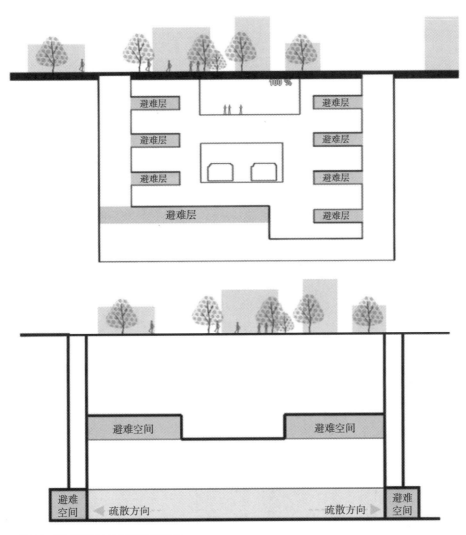

图 1.4　不同类型的地下空间布局形式
图片来源：作者自绘

根据疏散过程的困难程度，疏散组织策略可分为四种主要模式——整体疏散、分阶段疏散、延迟疏散和就地避难。根据疏散总体目标的不同，当将其应用于深层地下空间时，它们将表现出不同的空间疏散流线模式[13]。在具体疏散模式选择中，需要根据每个区域的需求、建筑物空间布局、安全防护、空间利用等要求采取不同或多种疏散策略。

国外的一些规范，如美国 *NFPA101 Life Safety Code 2018*[56]、英国 *BS9999 Fire Safety in the design management and use of building — code of practice 2017*[57] 等，均提出"分阶段疏散"（phased evacuation）的概念，即将疏散交通需求分时段、分区域疏散，以使得交通需求在整个疏散时段内更好地分布，从而提高疏散效率[58]。与总体疏散相比，分阶段疏散可以有效地保护被困人员的安全，以减少一次性整体疏散带来的压力。

在本书中，由于深层地下空间疏散的特殊性，安全应急疏散的分阶段疏散扩展了新的意义。深层地下空间的疏散人员需要先经由水平疏散通道汇集至垂直疏散体中，再集中向上疏散到地面，因此深层地下空间疏散将人员疏散过程总结为如下三个阶段：第一，从灾害区域到达水平疏散通道（通过型避难空间）；第二，经由水平疏散通道到达与疏散设施结合的扩大节点空间，如避难间等亚安全区；第三，从扩大节点空间经由垂直疏散体向上疏散至地面安全区域。深层地下空间分阶段疏散组织策略如图 1.5 所示。

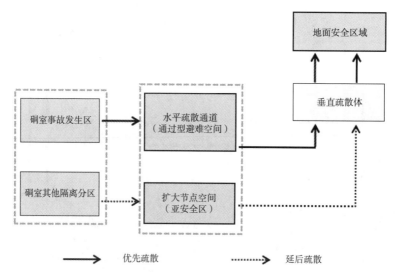

图 1.5　深层地下空间分阶段疏散组织策略
图片来源：作者自绘

亚安全区条件下城市深层地下建筑空间模型建构

1.3.3　分级

分级疏散指的是在疏散过程中对于疏散设施的分级，疏散设施又分为水平疏散设施、竖向疏散设施和亚安全区。本书中水平疏散设施分为 4 个级别，竖向疏散设施分为 3 个级别，亚安全区分为 3 个级别。由于分阶段疏散中不同疏散阶段下的人群数量、人群密度和人员疲劳度不同，疏散人员的行为特征也有差异，这导致需要设置不同级别的疏散设施来满足不同条件下人员疏散的需求，以达到疏散安全、快捷与畅通的目标。

1.3.4　水平疏散通道

在本模型中，水平疏散通道对火灾蔓延能起到有效的遮断功能，同时与垂直疏散体、亚安全区有方便的联系，因此应有足够安全的容纳空间，以便人员能迅速从建筑物疏散到通道内再进行有效的疏散转移。本书中所探讨的水平疏散通道，也就是在应急疏散安全时，硐室内的疏散人员可以从灾害现场疏散到安全地点的水平通道，具体包含水平疏散走道和横向走道。

1.3.5　亚安全区

亚安全区（sub-safety area）又称为"准安全区"，是在建筑内部通过有效的防火分隔与其余区域完全分隔，在一定的时间内防止灾害进入从而保障其空间中所容纳人员能够处于相对安全状态的临时安全空间。国内针对亚安全区的研究方面，王尧[59]、郑良锋[60]将亚安全区定义为发生火灾概率较低，且配备有相关排烟及自动喷水灭火系统的区域，使疏散人员可以通过该类亚安全区进行疏散过渡。庞集华[61]将亚安全区定义为介于火灾危险区域和室外绝对安全区域之间，自身火灾危险性较低、不受火势影响，可供人员临时停留的区域。而相关规范和研究中"避难层（间）""避难所""应急避难区""疏散缓冲空间（次安全区域）"中所涉及具有缓冲、临时避难等功能的区域也属于亚安全区的概念范畴。

本书中将亚安全区与安全度、密度、疲劳度进行结合，认为亚安全区自身具有安全性，即采取一定防火分隔及相关设施设置，在保障自身火灾危险性较低的情况下也不受外部火灾影响；在功能方面（图 1.6），为了降低人员疏散过程中人员的汇集密度及移动疲劳度，同时结合深层地下空间分阶段疏散方式特征，亚安全区根据不同疏散需求选择性设有等候疏散设施的等候区、供人员临时休息的避难区及移动的缓冲区，且该类区域通常位于水平通道与垂直通道交会的节点处。

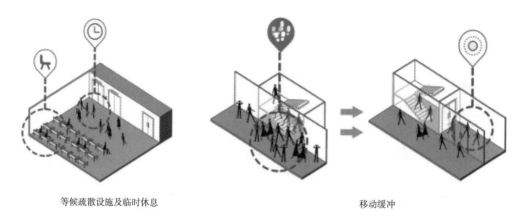

等候疏散设施及临时休息   移动缓冲

图 1.6　亚安全区功能示意图
图片来源：作者自绘

1.3.6　竖向疏散设施和垂直疏散体

竖向疏散设施有多种类型，有楼梯、自动扶梯、电梯、坡道、步行斜井、斜井疏散车辆、滑梯等。国内常见的竖向疏散设施为楼梯，此外自动扶梯可在地铁上行疏散中使用；在美国、欧洲、新加坡等国外规范中，电梯则被选用为竖向疏散设施。在地下隧道工程中还有步行斜井、斜井疏散车辆、滑梯等疏散设施。步行斜井、斜井疏散车辆、滑梯等疏散设施在深层地下空间适用性低，因此本书选择楼梯、自动扶梯、电梯等竖向疏散设施探讨深地疏散。

垂直疏散体由楼梯、自动扶梯、电梯等竖向疏散设施组成，垂直疏散体内部协同多种类型竖向疏散设施以提高疏散效率且满足各类人群的需求，其内部一般有亚安全区保证一定时间内的相对安全。同时垂直疏散体内部竖向疏散设施配置独立的供电线路，内部还配备应急照明、广播等设施设备，垂直疏散体隔墙的耐火极限不低于 2h。

从本章前述分析知道，与地上空间相比，首先，深层地下空间的特殊性导致空间体量更大、疏散距离更长，人员很难在可用的安全疏散时间内疏散至地面绝对安全区；其次，深层地下空间具有较强的封闭性，不具备设置众多对外出口的条件，这使得其在疏散组织方式上与地上空间具有很大的差别；再次，由于地面埋深过大，人员在疏散过程中容易紧张和恐慌，易造成疏散混乱和无序，极大地增加了疏散难度；最后，地表获得地下灾害的信息相对滞后，专业的消防救援人员进入的时间更长，且消防救援车辆进入深层地下空间的难度大，在有效的消防救援行动展开之前，深层地下空间的灾情易放大。

总结起来就是深层地下空间疏散环境复杂，人群的疏散问题充满很多的不确定性，由下至上的疏散行为所产生的疲劳问题更易造成拥堵。若灾害发生，一次性将人员全部疏散至地面安全区域的难度大、疏散效率差。因此，本书以亚安全区组织疏散的深层地下建筑空间设计模型构建，是对我们前期分阶段分级疏散理论研究及实践一系列成果的有效整理和总结。

基于亚安全区的分阶段分级疏散是将疏散人员在各级疏散路径不同节点进行汇合，经过多次不同阶段撤离的过程后，进入安全区域，因此，我们要科学合理地建立由路径、节点、疏散设施组成的深层地下建筑空间原型，做到对人流疏散合理引导、设置满足不同疏散需求与避难标准的各级亚安全区，提供人群大量汇集的缓冲空间、人员停留等待疏散设施及休息的临时空间，有效地将人员与危险空间进行隔离，保证地下空间疏散过程的有序性与疏散设施的安全性。显然，亚安全区作为引导人群疏散、缓解拥挤、缓解疏散疲劳、隔离危险的临时避难空间，其在分阶段多层级深层地下空间疏散体系中扮演着至关重要的角色，具有重要作用。

Underground
Building
Space

深层地下建筑模型建立技术条件 2

2.1 地下空间结构形式概述

2.1.1 长距离掘进技术

在地下空间长距离掘进的场景中，通常采用盾构法来进行快速施工。目前，盾构法施工技术的应用非常广泛，如公路以及城市地铁隧道等工程。随着盾构机技术和盾构法施工技术的日益成熟，盾构法施工在深层地下空间工程的建设中发挥了非常重要的作用。

盾构法是一种全机械化的暗挖施工方法。在盾构法的施工过程当中，盾构机被用于地下推进，通过开挖面前置位置的切削装置进行土体开挖，同时利用盾构外壳以及管片支承周围岩体来避免发生塌方的情况；此外，切削装置开挖所产生的土壤会被机械运出，随后使用千斤顶进行整体推进，同时拼装预制混凝土管片，最终形成完整的隧道结构。目前盾构施工前沿技术多样，比如母子泥水盾构机技术、分权形盾构机技术、三圆盾构机技术（图2.1）等。母子泥水盾构机是一种被用于挖掘不同内径隧道的机械，其包含子盾构机和母盾构机，子盾构机在脱离母盾构机后能够继续掘进；分权形盾构机中的小盾构机可以垂直再挖掘另外一个隧道，即可以在水平和垂直两个方向交替掘进；三圆盾构机可同时开挖3个圆形断面，从而形成更大的隧道断面效果[62]。

2.1.2 竖井建设技术

竖井建设技术可以实现垂直深度的挖掘，同时通过施工井道向地下空间输送人员、设备及材料。采用盾构法施工时，通常需要在盾构机掘进过程的起始段和终端设置工作竖井，其施工方法多样，竖井形状包含圆形及矩形（图2.2），尺寸及形状可根据实际工程进行灵活选择。在施工过程中，竖井结构作为工作井，用于运输人员、材料及设备，而在工程竣工后，其作为永久性结构可被用于解决排水、通风、交通等功能。可以说，深层地下空间中的竖井结构对施工的顺利完成和最大限度发挥地下基础设施功能起着至关重要的作用。

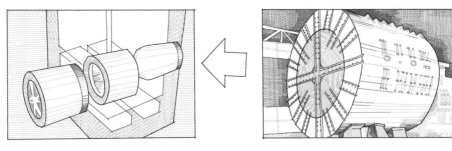

母子泥水盾构机

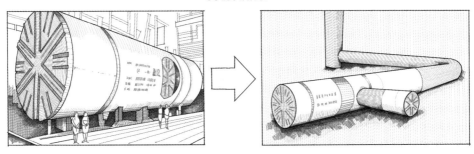

分杈形盾构机

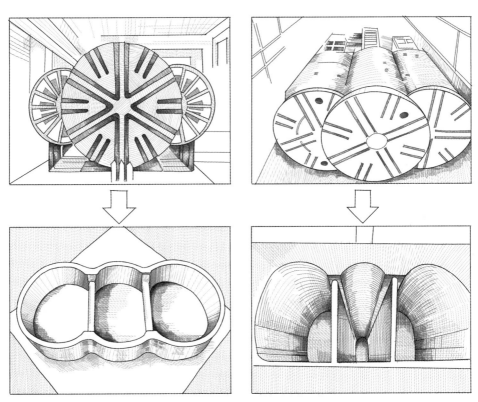

三圆盾构机

图 2.1　不同盾构技术示意图
图片来源：作者自绘

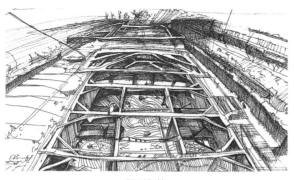

矩形竖井　　　　　　　　　　　　　　　圆形竖井

图 2.2　施工竖井示意图
图片来源：作者自绘

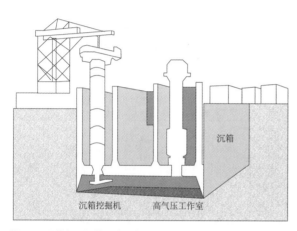

沉箱

沉箱挖掘机　　高气压工作室

图 2.3　现代气压沉箱工法示意图
图片来源：作者自绘

大深度竖井的施工方法包括地下连续墙法以及气压沉箱法[63]。自动化与机械化水平的提高使得气压沉箱技术在各种地质环境复杂、深度大等难度较高的地下施工场景中发挥着重要作用（图 2.3）。现阶段技术已经能够被应用于深达 70m 的地下环境中。

地下连续墙的结构变形小、能承受较大的侧向压力，具有良好的整体性、墙体刚度大的特点，同时其对周围的建筑和地下设施的影响也较小，因此特别适用于深度较大的地下工程中。这种方法在技术相对成熟的日本已经被广泛使用，目前其施工深度已经能够达到 140m。

2.1.3　硐室扩大技术

随着地下工程规模的发展，世界范围内已陆续完成了一系列超大断面隧道的施工。目前隧道工程已向着长、大、深的方向进行发展，其施工包括台阶法、单双侧壁导坑法等。其中，台阶法稳定性较高、安全可靠，其施工方法是优先开挖断面上部分，在行进一定距离后再继续开挖下部断面[64]。交通隧道具有断面开挖面积大、跨度大的特点，其施工方法多为分部开发法（图 2.4）。也有研究针对深埋地下实验室的施工与模拟计算，提出开挖方式对周边岩体受力及损伤具有限制影响，对硐室形状及挖掘程序的合理设计能够降低造价[65]。

在"以小扩大"的扩建
超大断面的隧道工程方面，
国外工程实例包括日本天王
山隧道、意大利Nazzano
隧道和美国Rockport隧道
等。在国内案例中，渝州特
大断面隧道扩建步骤包括：
①拆除旧有隧道结构；②开

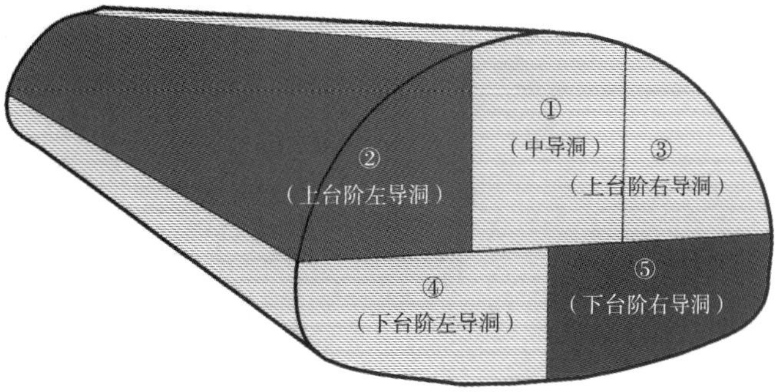

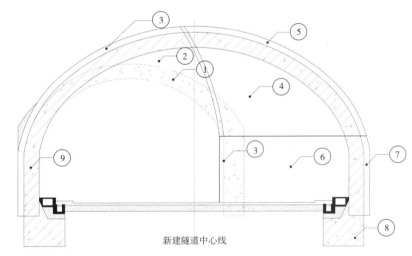

图2.4 分部台阶法施工区域划分示意
图片来源：作者自绘

挖老隧道拱部；③进行初期支护及临时支撑；④开挖新隧道拱部；⑤进行初期支护；⑥开
挖新隧道边墙；⑦进行初期支护；⑧开挖并浇筑边墙基础；⑨二次浇筑[66]（图2.5）。

新建隧道中心线

图2.5 渝州隧道扩建开挖步骤示意图
图片来源：作者自绘

2.1.4 深层地下空间施工技术小结

在水平距离长、垂直深度大、隧道断面灵活且需求大的地下工程中，通常采用隧道与
竖井相结合的方式（图2.6）。在进行施工前，需要对场地的地质环境进行调查，通过对
结构及其受力情况的分析来选择适宜的结构形式以及合理的施工方式。在长距离的隧道施
工中，通常采用盾构法，其最终可形成网络状的空间形态；在垂直深度大的竖井施工方面，

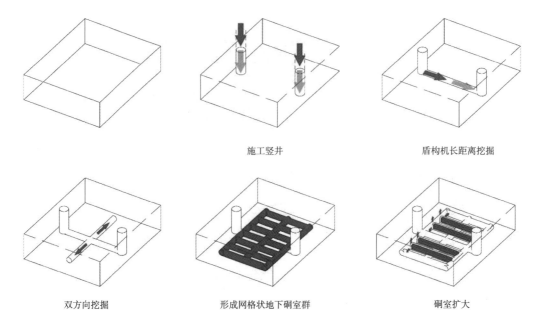

施工竖井   盾构机长距离挖掘

双方向挖掘   形成网格状地下硐室群   硐室扩大

图 2.6 深层地下空间施工顺序示意图
图片来源：作者自绘

该施工竖井在施工完成后又可为深层地下空间垂直疏散体提供场地，从而使空间能够被充分利用；而在硐室扩建方面，通过对施工方式及施工安全进行控制，能够在已有断面基础上进行以小扩大，从而构建合理的硐室形状及空间形态。

2.2   地下空间案例分析

2.2.1   地下空间施工与结构案例

1）中国锦屏地下实验室二期扩建工程——扩挖支护技术

中国锦屏地下实验室二期（图 2.7）扩挖扩建包括：4# 实验室 PANDEX 探测器基坑底板、集水坑、衬砌、实验室基坑侧壁；5# 实验室 CDEX 探测器基坑底板、探测器基坑壁、衬砌、探测器基础平台、电梯井等钢筋混凝土施工[67]。涉及的施工工艺包括混凝土工艺、脚手排架设计、钢筋工程、扩挖支护[68]等。扩挖支护分析如下。

扩建：实验室基坑隧道洞顶拱增加系统布置带垫板普通砂浆锚杆 C32L9.0m，间排

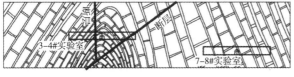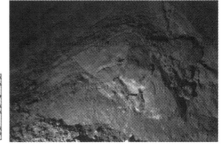

图 2.7　锦屏地下试验室二期工程区工程地质条件
图片来源: 冯夏庭, 吴世勇, 李邵军, 等. 中国锦屏地下实验室二期工程安全原位综合监测与分析 [J]. 岩石力学与工程学报, 2016, 35（4）: 649-657.

距 2.0m×2.0m，增加系统布置钢筋拱肋 3C28，排距 2.0m，挂钢丝网，喷射 10cm 厚 C30 纳米仿钢纤维混凝土，丝网钢筋 ϕ6.5@15cm×15cm。

扩挖：实验室基坑隧道洞边墙喷 10cm 厚 CF30 纳米钢纤维混凝土，洞壁布置涨壳式预应力中空注浆锚杆 T150KNL6.0mϕ32，间距 1.0m×1.0m，挂 ϕ6.5@15cm×15cm 钢筋网，然后喷射 10cm 厚 C30 纳米仿钢纤维混凝土。

岩爆应对：存在岩爆的隧道段，开挖后及时喷射 5～20cm 厚 CF30 纳米钢纤维混凝土封闭岩石表面，布置 ϕ33～36 水胀式锚杆，L3.0～L4.5m 作为临时支护。

隧道岩层含地下水部分随机布置 L1.5mϕ50 排水孔，利用 ϕ50 弹簧软管引导至排水沟。

CDEX 实验室（图 2.8）和 PANDEX 实验室扩挖前，基坑坑口先做锁口支护，锁口采用 3C28L9.0m 锚筋，沿基坑开挖口线设置，间距 0.8m 进行布置。

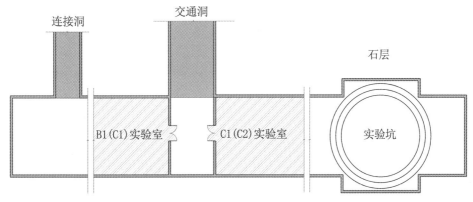

图 2.8　CDEX 实验室隧道扩挖方案图
图片来源：作者自绘

2）都安高速公路九家湾隧道——分部台阶法技术

九家湾隧道地层为下统栖霞组灰岩，原设计为Ⅴ级和Ⅳ级围岩，分别采用双侧壁导坑法和CD法施工。根据九家湾隧道具体地质情况，在水电大型地下厂房施工原则和方法经验的基础上，提出"先行中导洞开挖，后左、右侧导洞交错开挖"的分部台阶法施工方案，使之与围岩条件相适应，以期在确保隧道施工安全的前提下，优化施工工序，提高施工效率，提高技术经济效益。隧道衬砌结构按新奥法理念设计为复合式衬砌，初期支护采用喷射混凝土、钢筋网、格栅钢架和系统锚杆，二次衬砌为模筑钢筋混凝土[69]。

分部台阶法三维施工主要工序为：①采用全断面法先行开挖中导洞Ⅰ，施作中导洞初期支护；②跳槽开挖上台阶左导洞Ⅱ，施作上台阶左导洞初期支护；③跳槽开挖上台阶右导洞Ⅲ，施作上台阶右导洞初期支护；④跳槽开挖下台阶左导洞Ⅳ，施作下台阶左导洞初期支护；⑤跳槽开挖下台阶右导洞Ⅴ，施作下台阶右导洞初期支护；⑥施作仰拱；⑦施作仰拱填充；⑧模筑二次衬砌。

3）上海地铁明珠线二期西藏南路站——地下连续墙施工技术

上海地铁明珠线二期西藏南路站车站标准段基坑开挖深度约为23m，端头井开挖深度约为25m，车站主体结构采用1000mm厚地下连续墙。该工程地下连续墙施工流程（图2.9）如下：准备开挖→沟槽开挖→安装锁口管、灌砂→吊放钢筋笼→水下混凝土浇筑→拔出锁口管→完工槽段。

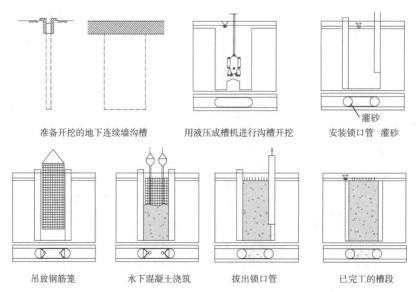

准备开挖的地下连续墙沟槽　　用液压成槽机进行沟槽开挖　　安装锁口管 灌砂

吊放钢筋笼　　水下混凝土浇筑　　拔出锁口管　　已完工的槽段

图2.9　地下连续墙施工流程
图片来源：作者自绘

4）上海轨道交通 M8 线——双圆异形盾构技术

上海轨道交通 M8
线，在国内首先采用双圆
盾构修建区间隧道，与之
相对应的车站形式为侧式
站台。其最大特点是可以
根据需要由水平双圆转换
成竖向双圆或由竖向双圆
转换为水平双圆。双圆盾
构由于中间立柱的存在
（图 2.10），在施工中
必须严格控制差异沉降；

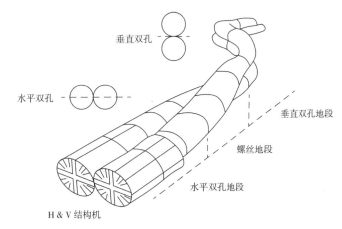

图 2.10 H & V 型异形盾构隧道
图片来源：作者自绘

在运营期间若发生差异沉降，也会影响隧道的正常使用。

5）珠海隧道——明挖、矿山法组合施工技术

珠海隧道工程隧道全长约 4.5km，采用"明挖法 + 盾构法 + 矿山法"组合工法施工，以双线小净距矿山法隧道形式下穿挂锭角山体，矿山段长约 0.4km，其两端均与明挖结构相连接，其纵断面如图 2.11 所示。受隧道纵坡影响，排水流向存在明挖法接矿山法、矿山法接明挖法两种形式。

矿山法段东侧为明挖法接矿山法施工形式，因明挖结构迎水面设置柔性全包防水层，明挖主体结构的渗漏水和运营清洗、消防等污水需排至矿山法段，需在矿山法段洞内设路侧边沟，以实现排水系统的完整性。矿山法段西侧为矿山法接明挖法施工形式，半包防水的矿山法段衬砌背后的地下水和运营清洗、消防等污水需排至明挖段。

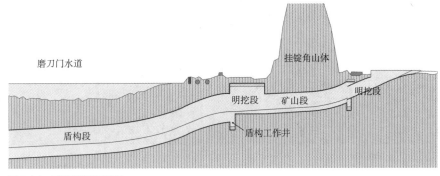

图 2.11 珠海隧道纵断面
图片来源：作者自绘

6）深圳城市地下空间 10 号线某车站出入口及风亭——浅埋暗挖法技术

深圳城市地下空间 10 号线某车站出入口及风亭，施工过程中受地表交通、地下管线影响，施工场地狭窄，无法进行管线改迁及交通疏解。为保证城市地下空间车站正常实施，附属出入口及风亭下穿箱涵及彩田路采用浅埋暗挖法施工。结构形式为复合式衬砌结构，初期支护采用钢筋网、型钢拱架、喷射混凝土。工程均采用矩形断面开挖，出入口采用 CD 法开挖，1 号风亭采用柱洞法开挖。其开挖支护设计包括大管棚、小导管支护、全断面注浆、型钢钢架、喷射混凝土及模筑混凝土二衬。

7）北山实验室——坡道、竖井、水平通道的组合

中国北山地下实验室建设工程项目是国家"十三五"规划的百项重点工程之一，由核工业北京地质研究院作为业主单位组织开展建设。其在地下 280m 及 560m 建设试验平台，主体构架由螺旋斜坡道 + 三竖井 + 两层平巷组成[69]（图 2.12、图 2.13）。

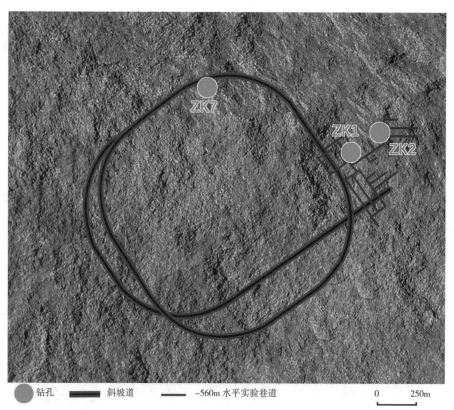

图 2.12　北山实验室主体结构示意图
图片来源：作者自绘

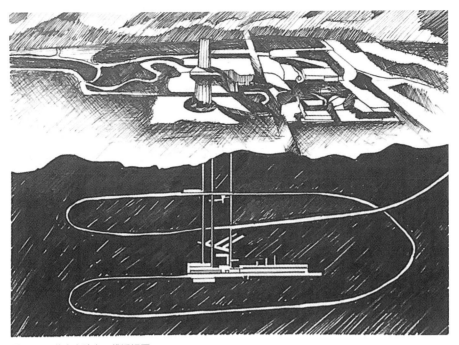

图 2.13　北山实验室三维透视图
图片来源：作者自绘

中国北山地下实验室斜坡道长约 7.2km，是实验室关键性主体工程，由地表向下顺时针螺旋式掘进，综合坡度为 10%，相当于隧道每向前开挖 10m，高度就要下降 1m。为实现水平 200m 转弯半径、竖向 380m 曲线半径螺旋式掘进，"北山 1 号"改进了主机系统的空间结构和控制系统，将设备整机尺寸控制在 100m 以内，直径控制在 7.03m，同时配备先进的导向、方向控制预警、辅助驾驶自动巡航系统，使掘进机具备了大坡度、小转弯半径条件下的螺旋曲线掘进能力[70]。

8）库伯佩迪——废弃矿井再利用

库伯佩迪（Coober Pedy）是一座位于澳大利亚南部沙漠的小镇，其位于世界上著名的矿产地区，白天平均温度高达 51℃，为避开高温天气，居民基本都在地下生活。居民发挥废弃矿井的优势，利用地下矿洞建造餐厅、酒店、教堂、博物馆等场所，扩建时则利用机械在地下继续挖掘圆形通道，房间由竖井连通至地表，地面管道与地下空间相通以作通风之用（图 2.14）。

图 2.14　库伯佩迪地下空间示意图
图片来源：作者自绘

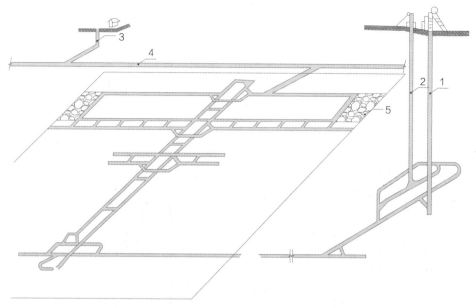

1—主井；2—副井；3—风井；4—回风大巷；5—采空区

图 2.15　煤矿井巷布置与生产系统示意图
图片来源：作者自绘

我国 90% 以上的矿区是井工开采，矿井关停废弃后井下存在着大量有待二次利用的地下空间，主要包括遗留的巷道、峒室和生产作业的废弃采区等（图 2.15）。对废弃矿井下得天独厚的地下空间资源选择适宜的开发模式进行利用，可在节约大量开挖成本的同时，避免闲置的矿井地下空间造成的地面塌陷及空间浪费，丰富的矿井地下空间资源如果加以合理的开发利用，不仅对生态环境起到很好的修复作用，还对经济的发展以及工业遗产认同感的提升起到辅助作用。

9）昆明 5 号线翠湖站——超深地连墙钢筋笼吊装施工技术

翠湖站为昆明地铁 5 号线第七座车站，车站为地下三层岛式车站。地下连续墙施工技术是目前深基坑施工中应用的主流技术，将其应用在地铁工程施工中，可实现支护、承重、防渗漏等多重作用，具有良好的发展前景。地下连续墙施工中钢筋笼的吊装是重中之重，其施工质量直接决定地铁超深地下连续墙施工的总体质量，值得高度重视。在具体吊装过程中，既要充分考虑钢筋笼吊装设备的性能，也要考虑吊装精度和稳定性。地铁超深地连墙钢筋笼吊装施工技术的具体应用如下：

①钢筋笼试吊：试吊是钢筋笼吊装的第一部分，主要目的是确定钢筋笼吊装的工艺、

参数。在本工程试吊时，采用了主吊和副吊相互结合的方法，具体试吊方法为：通过起吊装置把钢筋笼提升到距离 0.5 ~ 1.0m 的位置，随后对钢筋的质量进行全面观察，发现运输变形、装配变形等问题及时处理，确认达到设计要求后，先吊起主吊，副吊配合完成吊装工作。主吊在起吊过程中，要严格控制长趴杆及回转等作业，动作要稳定、缓慢，同时保证钢筋笼顶部及扁担不与吊杆发生碰撞。②钢筋笼入槽：钢筋笼入槽对钢筋笼性能的提升有重要意义，需要严格控制钢筋笼入槽的稳定性和精度，才能保证施工质量。当钢筋笼吊起后，150t 吊机进行侧向旋转选择，而 300t 吊机顺向旋转，调整合适的入槽位置，待钢筋笼垂直地面以后，卸去副吊持力，拆除吊具。主吊将钢筋笼移至槽段边缘，按设计要求位置缓慢入槽。安装过程中注意割除混凝土导管位置钢筋，以防止后序混凝土导管安装困难。钢筋笼安装如遇困难，不允许强行冲击入槽，应将钢筋笼稍作提升，缓慢下放。待将钢筋笼放置到设计标高后，利用槽钢制作的扁担搁置在导墙上。当副吊钢丝绳全部卸除后，大吊继续下放。在大吊转换钢丝绳吊点时，吊起钢筋笼，抽出扁担。大吊继续下放钢筋笼。安装好大吊的起吊绳和连接绳，大吊收钩，使大吊的钢丝绳受力，吊起钢筋笼，抽出扁担。大吊继续下放钢筋笼。③钢筋笼吊装验算。

10）广州地铁 6 号线、1 号线换乘站东山口站——矿山法扩挖盾构

东山口站地面场地不足，工程筹划为：东山口站台隧道完成后，盾构机过站。为保证机场线的节点工期，并规避盾构机在站外长期停机的经济损失，东山口站采用矿山法扩挖盾构隧道修建。区间隧道采用 ϕ6.28 盾构机，按盾构隧道中心线，掘进过站。保持合理的土仓压力、出渣量，以保护地面建构筑物的安全。因站台隧道范围内的管片需拆除，因此管片背后仅需同步足量注浆，无须二次超量补浆，目的仅是确保盾构机的姿态。管片宜通缝拼装，封顶块位于拱顶。矿山法扩挖盾构隧道，破除的是预制盾构管片，比直接开挖大断面工效高（图 2.16）。

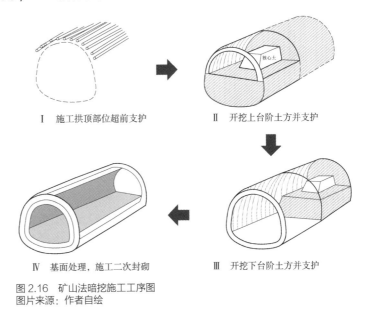

I 施工拱顶部位超前支护

II 开挖上台阶土方并支护

III 开挖下台阶土方并支护

IV 基面处理，施工二次封砌

图 2.16 矿山法暗挖施工工序图
图片来源：作者自绘

目前已有不少工程，采用矿山法扩挖矿山隧道，改造扩建工效往往比直接开挖大断面要低，主要原因在于破除的是非预制的初支、二衬（图2.17）。扩挖的主要工效对比见表2.1。

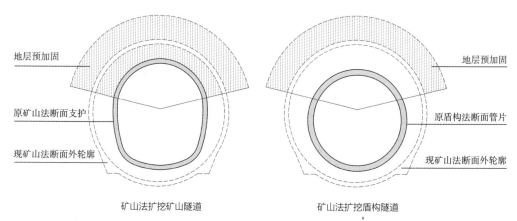

图2.17　矿山法扩挖工程对比
图片来源：作者自绘

矿山法扩挖工程主要工效对比　　　　　　　　　　　　　　　　表2.1

	矿山法扩挖矿山隧道	矿山法扩挖盾构隧道
破除作业	人工作业为主，借助风镐或混凝土切割机	以机械拆除管片为主，少量的人工辅助
破除已有支护的进尺	每次只能破除1～2榀旧格栅混凝土	每次拆除一个管片的宽度，至少1.2 m
拱顶地层不良时	破除支护时，工人位于原断面的支护下方，当拱顶地层不良时，为确保人身安全，需对拱顶扩挖区域的地层进行预加固，预加固的地层在后续阶段还需破除	拆除管片时，人工、机械位于原管片断面的前方，施工较安全，无须对扩挖区域的地层进行预加固

表格来源：作者根据相关资料整理

2.2.2　地下空间不同类型建筑案例

目前我国除深层地下的科研实验设施外，绝大部分民用设施选择建在地下30m以上，而国外有突破地下30m的个案。本节选取国内外具有代表性的深层地下空间进行案例调研，这有利于补充深层地下空间基础模型设计要点，并且通过对比研究的开展得出总体布局、空间形态和重要节点处理等特征。

　　　　　　　　亚安全区条件下城市深层地下建筑空间模型建构

《2021中国城市地下空间发展蓝皮书》、《城市地下空间规划标准》GB/T 51358 中将地下空间功能类型分为地下交通、地下市政、地下商业服务、地下公管公服、地下仓储、地下工业及地下防灾等七类，其中在深层地下范围内的建筑案例主要为科研教学与文化体育类深层地下空间、展示博览类深层地下空间、人防工程改建及仓储类等其他类型深层地下空间（表2.2～表2.4）。

科研教学与文化体育类深层地下空间案例概况 表2.2

案例名称	深度	项目概况
明尼苏达大学地下系馆	地下30m	以保护大学校园原有地面建筑风格为主要建设目的，保留校园内地面有限的开放空间，更好地解决建筑与环境、建筑与能源等重大问题，创造新的空间与环境
南洋理工大学地下空间规划	地下40～120m	采用横平竖直的条形矩形进行空间划分，对于消防单元划分和疏散人员的方向性辨识具有一定的优势。建筑主体功能部分将在20m宽硐室单元中加建。地下与地上的联系主要通过竖井来解决，同时满足设备管道的布置
锦屏地下实验室	岩石覆盖 2400m	通过一条两车道的公路隧道驶入。安装实验的主厅尺寸为6.5m（宽）×6.5m（高）×40m（深）。有4个洞穴，每个洞穴的尺寸为14m（宽）×14m（高）×130m（长），将与通道和安全隧道相互连接。实验室建筑面积约2万m²。内部交通隧道和公共设施在内的总面积为3万m²[71]
意大利格兰萨索（LNGS）深层地下实验室	—	实验的区域主要有3个大厅，尺寸为100m（长）×20m（宽）×18m（高），同时建有90m长的隧道提供配套服务。内设有办公室、会议室、机械车间、电子车间、化学实验室、图书馆和仓储设施等，总面积1.73万m²，总容积18万m³[72]。

案例名称	深度	项目概况
斯坦福大学地下实验室 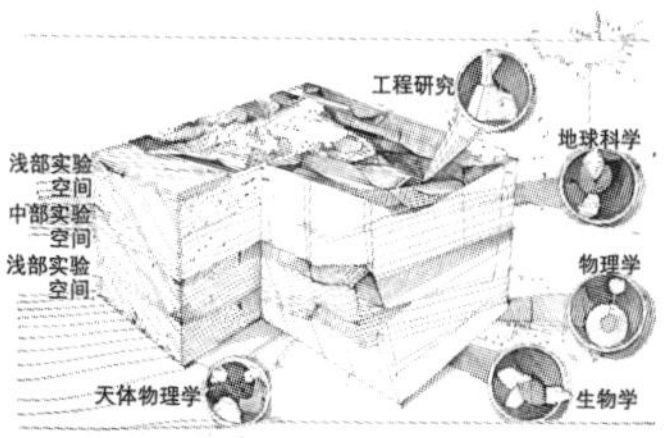	—	是美国最深的地下实验室,里面建有多种物理实验设施
挪威冬奥会冰球馆 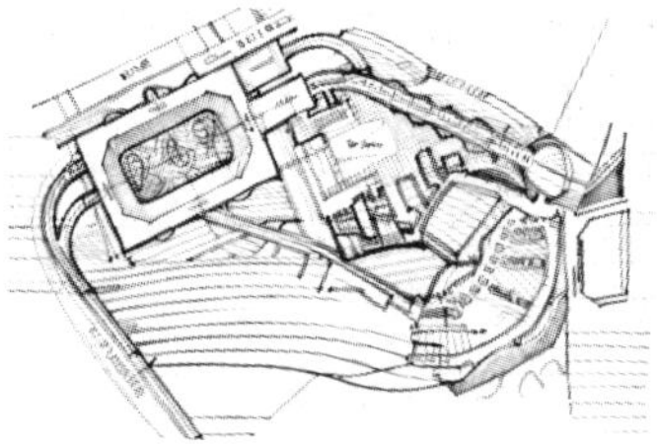	地下 55m	位于挪威 Gjövik 的奥林匹克冰球洞穴可容纳 5300 名观众,冰球洞的完工跨度为 62m,长度为 91m。为避免巨大的建筑对这座城市造成太大的影响,这座冰球场就建在了山丘上。在空间形式上,将其与浅层及次浅层的地下空间连成一个整体,提高了空间的连贯性,强化了照明与通风
日本国立图书馆新馆书库	地下 30m	作为东京最深的大楼,位于东京的政治枢纽中心永田町,处于建筑高密度集中的地段

表格来源:作者根据相关资料整理

展示博览类深层地下空间案例概况 表 2.3

案例名称	深度	项目来源	项目概况
重庆 816 核工程 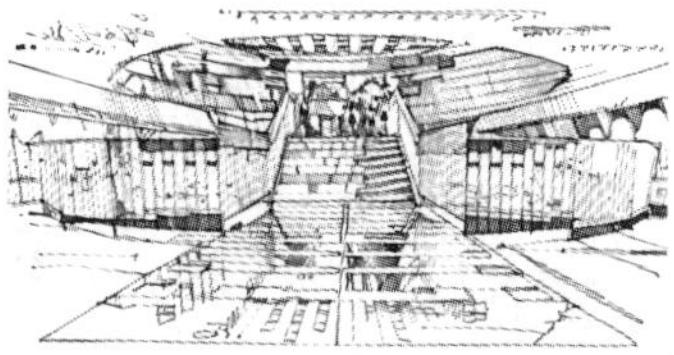	顶部覆土最深达 200m	军用项目转民用建筑	始建于 1967 年,2010 年被作为旅游景点面向游客开放
Napolis 地下城 	地下 40m	历史地下城转民用建筑	如今在政府和一些社会组织的支持下重获新生,成为旅游开发地点

案例名称	深度	项目来源	项目概况
波兰地下盐矿 	地下 304m	采矿工程转 民用建筑	位于波兰克拉科夫附近,是一个从 13 世纪起就开采的盐矿,目前已基本停产。盐矿有 327m 深,超过 300km 长。盐矿中有房间、礼拜堂和地下湖泊等,宛如一座地下城市
莫斯科地下核掩体博物馆 	地下 65m	军用项目转 民用建筑	是世界上唯一保存完好、深入地下 65m 的博物馆。随着美俄关系转入"新冷战",越来越多的俄罗斯人和外国游客涌入这座非常特殊的博物馆参观

表格来源:作者根据相关资料整理

人防工程改建、仓储类等其他类型深层地下空间案例概况　　表 2.4

案例名称	项目概况
青岛某地下人防工程改造工程方案 	包括博物馆、商业店铺、酒店等功能的人员密集型地下商业综合体,总建筑面积 33234.6m²,南北长 690m,东西长 360m,上部覆盖层厚度 20～90m,内部各通道纵横交错。硐室跨度 3.5～10m,支洞长 27～48m,最大高度 18m
八达岭长城站 	三层三纵的群洞布局,硐室相互独立,车站中心处线路埋深约 102.6 m,两端渡线段单洞开挖跨度达 32.7 m,是目前国内单拱跨度最大的暗挖铁路隧道。立体环形的疏散救援廊道可提供紧急情况下快速无死角的救援条件

案例名称	项目概况
中国杭州南星桥 803 国营粮库项目	容量 5 万 t，37 座储库单元
东京 Geo-Grid 计划	深部遮蔽基础设施网络（土地覆盖面积 100km²）
锦屏 I 级地下厂房 1- 主副厂房　2- 主变室　3- 尾闸室 7- 进场交通洞　8- 尾闸室交通洞　9- 主变进风洞 10-CHL 出线洞　11- 通风兼安全洞　12- 主变排风洞 14- 厂顶排烟排风洞　15- 排水泵房　16- 母线洞 17- 主变运输洞　18- 交通电缆道　19- 交通井 G8～G1-8#-1# 高压管道　P1～P4-4#-1# 排水廊道 W1～W8-1#-8# 尾水隧洞　Z1、Z2-1#、2# 尾闸室进风洞 S1、S2、S3、S5、S6-1#、2#、3#、5#、6# 施工支洞	地下厂区硐室群规模巨大，主要由引水洞、地下厂房等组成，三大硐室平行布置。主机间尺寸为 204.52m×25.90m×68.80m（长×宽×高）[73]
赫尔辛基 Viikinmäki 地下废水处理厂	废水通过广泛的隧道网络到达工厂。处理后的废水随后通过岩石隧道排放到海中。处理厂的隧道容量为 120 万 m³
日本地下自行车停放设施	为了缓解因自行车停放占用大量的地面空间

表格来源：作者根据相关资料整理

新加坡南洋理工大学（NTU）深层地下空间深地部分位于 46 ~ 70m 和 96 ~ 120m 两部分，规划上采用条形空间与横平竖直的矩形划分，该划分方式有利于使用人员方向性的辨识。建筑主体由硐室组成，硐室开挖尺寸长 40m、宽 20m、高 26m。利用岩石体作为分割和空间结构的支护。建筑部分将在开挖好的这 20m 宽空间加建，根据具体功能采用两边建筑中间走廊、一边建筑一边走廊或 20m 大跨度通道等多种方式[74]（表 2.5）。地下空间与地面的连接主要是通过竖井，竖井提供了运送设备的通道，地下空间与地面空间的连通由几十部电梯和楼梯来保证。本书的深层地下空间基础疏散模型则是以此为参考建立。

新加坡南洋理工大学（NTU）　　　　表 2.5

项目名称	新加坡南洋理工大学（NTU）深层地下空间
规划布局	
硐室设计	
尺寸说明	硐室部分位于地下 46 ~ 70m，硐室尺寸为长 40m、宽 20m、高 26m

表格来源：作者自绘

青岛地下人防工程位于青岛市，为全掩埋式建筑，其埋深达地下50m，功能包含商业、酒店、博物馆等，南北长690m，东西长360m，总建筑面积达33234.6m²。整个项目以纵横交错的内部通道连接各个支洞，呈现不规则的网格形态。改造项目设置了5个垂直疏散体（图2.18），其中3个位于建筑中部，互相间距200m左右，用以疏散主要人群，另外2个则位于边缘两端，间距在300m以内。紧急情况下，人员只需要疏散至离自己较近的垂直疏散体，通过疏散设施即可疏散至地面安全区。设置独立垂直疏散体的方法极大地减少了人员的水平疏散距离，配合疏散走道布置，在一定程度上优化了深层地下建筑的疏散问题。

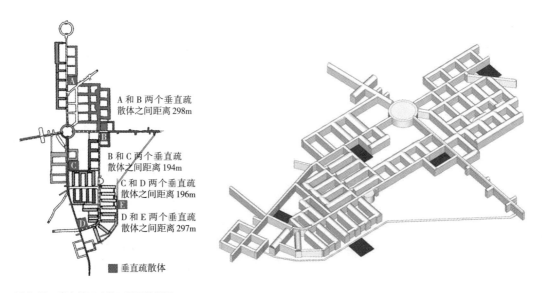

A 和 B 两个垂直疏散体之间距离 298m

B 和 C 两个垂直疏散体之间距离 194m

C 和 D 两个垂直疏散体之间距离 196m

D 和 E 两个垂直疏散体之间距离 297m

■ 垂直疏散体

图 2.18　青岛地下人防工程手绘描图
图片来源：胡望社，李俊钊，李自力，崔远. 垂直疏散体在超深地下公共空间的应用研究——以青岛某地下人防工程为例 [J]. 南方建筑，2015（5）：89-92.

2.2.3　地下空间疏散方式

深层地下空间疏散分为三个阶段，如表2.6、图2.19所示。第一阶段从事故发生地（一般为硐室内部）疏散到深层地下空间最底层烟气较少的水平疏散通道。该阶段中一部分人从硐室内部疏散至最底层水平疏散通道，另一部分人先离开硐室疏散至当层的水平疏散通道，再通过当层水平疏散通道内部疏散设施疏散至最底层的水平疏散通道。第二阶段为疏散人员从底层水平疏散通道疏散至可通向地面的垂直疏散体。第三阶段为疏散人员通过垂直疏散体中的竖向疏散设施疏散至地面。

深层地下空间三阶段疏散分段

阶段	阶段描述	说明	图示
阶段一	从事故发生地疏散至最底层的水平疏散通道	该疏散模式下，硐室内部人员可选择通过硐室内部楼梯疏散到底层水平疏散通道，也可选择先离开硐室疏散至当层水平疏散通道，再通过当层水平疏散通道内部的疏散设施疏散至最底层	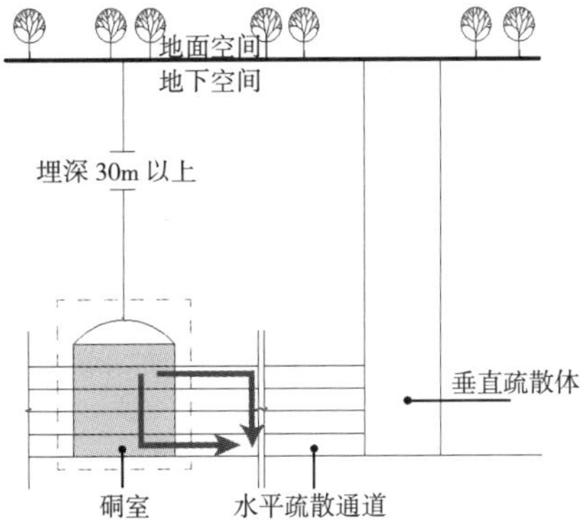
阶段二	从水平疏散通道疏散至直通地面的垂直疏散体	第二阶段为疏散人员从底层疏散通道疏散至可通向地面的垂直疏散体。需要重点考虑水平疏散通道的设计	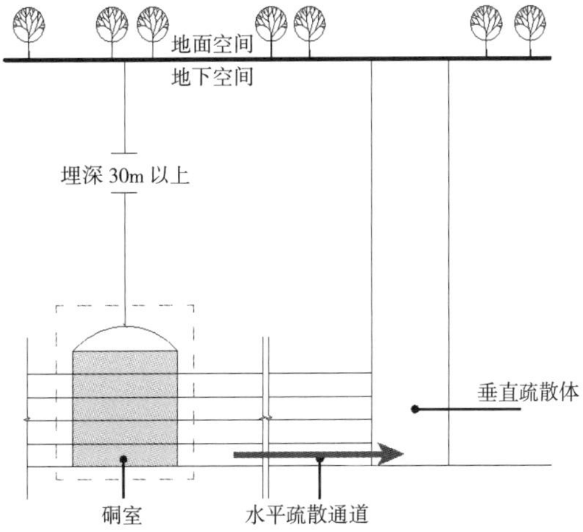
阶段三	从垂直疏散体疏散至地面	此阶段为竖向疏散，垂直疏散体内的疏散设施为楼梯、自动扶梯和电梯。重点考虑垂直疏散体内部的疏散设施设计	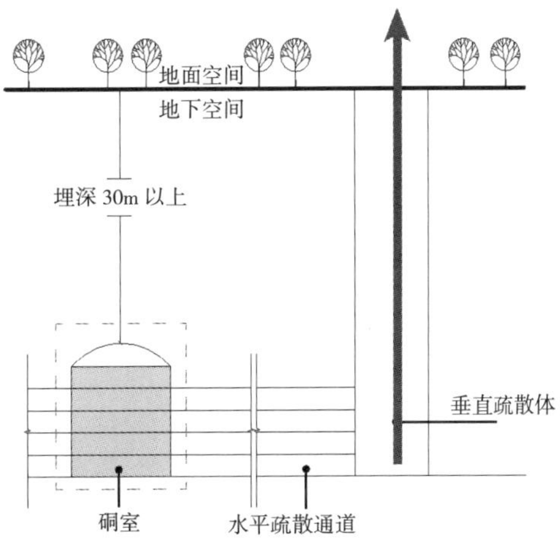

表格来源：作者自绘

图 2.19 深层地下建筑中人员疏散过程示意图
图片来源：作者自绘

亚安全区条件下城市深层地下建筑空间模型建构

Underground
Building
Space

3

深层地下建筑空间模型构建

3.1 深层地下建筑空间形态

本书提出的城市深层地下空间模型采用网格状布局形式，并结合《建筑设计防火规范》GB 50016、《人民防空工程设计防火规范》GB 50098、《防灾避难场所设计规范》GB 51143、《人民防空地下室设计规范》GB 50038、《公路隧道设计规范》JTG D70、《公路隧道消防技术规范》DB 43/729、美国 *NFPA 502-Standard for Road Tunnels，Bridges，and Other Limited Access Highways* 等规范，对模型硐室布置、通道设计、亚安全区（避难空间）设置、垂直疏散设计等一系列疏散设计进行限定。鉴于现有城市深层地下空间的建筑案例较少，模型同时参考了公路隧道、矿井工业等防火、疏散设计相关做法。

本深层地下建筑空间主体总长 442m、宽 217m，埋深 50m；硐室单元长 40m、宽 20m，硐室单元之间间隔 20m，横向通道间距为 80 ~ 120m。建筑部分共 5 层，高度控制在 24m，一至四层为主体使用空间，功能性质将在第 5 章模拟中依据最不利疏散人数计算结果进行确立，五层为设备技术层。硐室为使用空间，用通道将各个使用空间进行串联，最终形成网格状。建筑配有 3 个与地面直接连接的垂直交通体，而内部各硐室依据疏散距离均设有封闭楼梯间和电梯，以供内部交通使用。建筑整体外部连接有一条施工通道，同时兼作外部进入内部的车行出入口。建筑一层道路设有车行道，在紧急情况下可采用车行疏散来撤离行动不便的特殊人群。

与地面结构不同，深层地下空间由硐室、连接硐室的水平通道、直通地面的垂直疏散体组成。

1）硐室

硐室为深层地下建筑空间的主要使用空间，为方便研究与建模，硐室简化成图中的模型（图 3.1）。

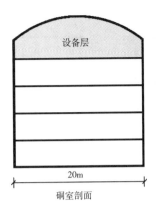
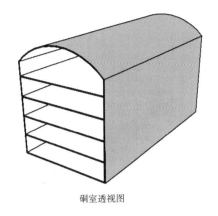

设备层

20m

硐室剖面 硐室透视图

图 3.1　深层地下空间简化硐室图
图片来源：作者自绘

2）水平疏散通道

硐室之间由水平通道相连，水平通道作为深层地下空间的疏散通道使用。水平通道承担了地下空间交通功能。对于水平避难通道（连接水平通道的横向通道），《人民防空工程设计防火规范》GB 50098 将避难走道定义为设有防烟等设施，两侧为防火墙，可使人员能够安全通行至室外的走道。本次模型采用避难隧道的概念进行安全疏散，当灾害发生时，人群从硐室内部移动至水平避难通道，并利用与水平避难通道相连的二级垂直疏散体统一移动至一楼，汇集至一级垂直疏散体内，最后通过疏散设施疏散至地面安全区域。硐室内部与水平避难通道之间均设有消防前室，通道内部利用二级垂直疏散体进行疏散，因此在水平避难通道的人员不再反向进入其他硐室内部进行疏散。

3）垂直疏散体

垂直疏散体为深层地下空间人员通向地面的通道，垂直疏散体内部有楼梯、自动扶梯、电梯等竖向疏散设施（图 3.2）。由于深层地下空间的特点，疏散人员需要汇集到垂直疏散体内部统一疏散至地面。垂直疏散体由深地竖井开挖留下的通道改建形成，竖井的施工方式决定了竖井及垂直疏散体的空间形态，因此垂直疏散体尺寸需要参考竖井施工尺寸参数，不能无条件扩大。

硐室、水平通道及垂直疏散体为深层地下空间中主体的三部分，深层地下空间基础疏散模型需要在了解三者关系的基础上建立。

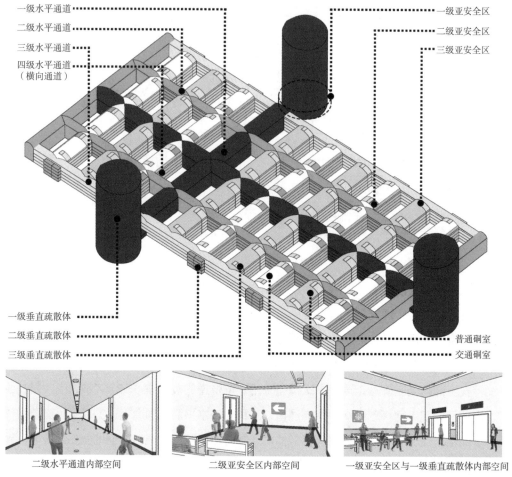

一级水平通道
二级水平通道
三级水平通道
四级水平通道
（横向通道）

一级亚安全区
二级亚安全区
三级亚安全区

一级垂直疏散体
二级垂直疏散体
三级垂直疏散体

普通硐室
交通硐室

二级水平通道内部空间　　　二级亚安全区内部空间　　　一级亚安全区与一级垂直疏散体内部空间

图 3.2　深层地下空间示意图
图片来源：作者自绘

3.2　深层地下建筑空间基础单元设计

　　硐室单元分为普通硐室单元和交通硐室单元。当通道长度过长时，应按不大于 100m 的间距布置水平横向疏散通道和竖向疏散设施，将其同时布置在交通硐室中。

1）硐室单元的空间尺寸
世界各国 600 个主要地下硐室开挖跨度与边墙高度尺寸统计如表 3.1，由此可以看出，目前跨度为 10 ~ 20m 的地下硐室所占比例最高，占 57.2%，其平均高度为 16.72m。

世界各国 600 个主要地下硐室开挖跨度与边墙高度统计表　　　　表 3.1

跨度	< 10m	10 ~ 20m	20.1 ~ 25m	25.1 ~ 30m	30.1 ~ 40m
统计个数	5	343	156	77	19
平均宽度	6.8	16.72	22.95	27.77	32.92
平均高度	19.6	33.01	42.04	45.13	53.84
所占比例	0.84	57.2	26	12.8	3.16

表格来源：作者整理绘制

在具体建筑工程中，不同的人员密度、疏散人员类型以及不同的建筑功能、疏散设施选用、疏散安全管理，甚至照明条件，都会导致规定的安全疏散距离产生一定的差异。为保障深层地下空间应急疏散的安全性与可靠性，应在现行关于地下建筑的安全疏散距离规定基础上，进一步提高其安全疏散距离。

综上，本书将基础硐室单元的使用空间宽度设置为 20m，高度 24m（地面至弧顶），共 5 层。在长度方面，原则上不会对其进行过多的限定，但是要根据地下空间的使用、砂岩的支护需求以及开挖技术的具体情况来确定。为将硐室单元的防火区域限定在 $1000m^2$ 以内，在硐室单元宽度为 20m 的情况下，其长度不应超过 50m；另外，限制硐室的最远点到房门口的距离不得大于 15m，硐室房间出口到最近的安全疏散门的距离不得大于 20m，最终设定标准硐室单元的长度为 40m。根据砂岩地质实测数据、结构地质条件和功能空间需求，规定各层之间岩石体的厚度与开发空间的厚度比值为 1：1，开发空间与岩石体之间宽度的比例也为 1：1，由此确定了本基础模型中硐室之间的间距净宽为 20m。每个硐室均为独立防火分区，既能有效隔离灾害蔓延，又能保证每层有两个不同方向的水平疏散出口。

2）防烟前室

《建筑设计防火规范》GB 50016 等相关规范规定，防火分区至避难走道入口处应设置防烟前室，防烟楼梯间前室的使用面积不应小于 $6.0m^2$，与消防电梯前室合用的前室的使用面积不应小于 $10.0m^2$。本基础模型考虑到深层地下建筑的封闭性和排烟通风的难度，在硐室内部疏散走道和横向走道之间设置一个面积不小于 $6.0m^2$ 的防烟前室，封闭楼梯间与防烟前室之间设置一个前室空间，且该前室的短边不小于 2.4m，以满足消防人员整装、担架运输等功能需求为首要目标，前室尺寸应该是直面消防电梯门的规整区域，不得利用过道、拐角等延伸区域。

3）硐室单元的疏散指标

《人民防空工程设计防火规范》GB 50098 5.1.6 条例规定，室内地面与室外出入口地坪高差大于 10m 的防火分区，疏散宽度指标应为每 100 人不小于 1.00m；根据《建筑设计防火规范》GB 50016 规定，在室内地面与户外出入口地坪高差超过 10m 的部分公共建筑楼层中，房间疏散门、安全出口、疏散走道和疏散楼梯的各个总净宽度，应该按照疏散人数的要求，即每 100 人的最小疏散净宽度不低于 1.00m 的规定来进行计算。

结合上文所设定的人员数量，本基础模型的硐室单元每层均设置了两个不同方向的安全出口，每个安全出口净宽为 1.5m，疏散楼梯净宽不小于 1.4m，疏散走道净宽为 1.8m。

普通硐室单元和交通硐室单元的平面图与剖面图如图 3.3、图 3.4 所示。

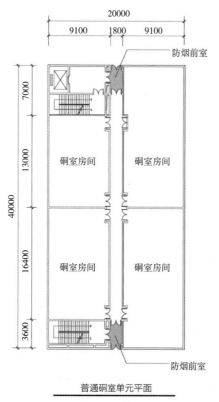

普通硐室单元平面

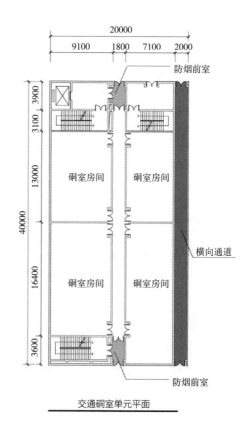

交通硐室单元平面

图 3.3　普通硐室单元和交通硐室单元平面图

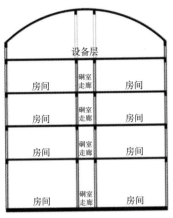

图 3.4　普通硐室单元和交通硐室单元剖面图

3.3　深层地下建筑空间立体疏散网络设计

3.3.1　水平疏散通道设计

1）路网布局

现有深层地下案例中的疏散道路网主要有轴线串联式、中心辐射式、网络状布局，如图 3.5。

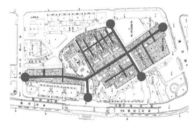

（a）轴线串联式路网布局

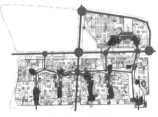
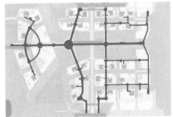

（b）中心辐射式路网布局

图 3.5　各种类型的路网布局示意图

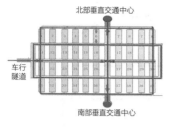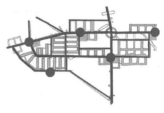

（c）网络状路网布局

图 3.5　各种类型的路网布局示意图（续）
图片来源：作者自绘

对比三种疏散通道路网布局模式的形态和特点，如表 3.2。

疏散通道的布局模式比较　　　　　　　　　　　　　　　　　表 3.2

类型	形态示意	特点
轴线串联式路网布局		服务范围较小、连接性较差，若某点不能正常运行，将导致救灾系统全面瘫痪
中心辐射式路网布局		服务范围较大、连接性较强，若某点不能正常运行，将导致救灾系统大量瘫痪
网络状路网布局		服务范围大、连接性强，若某点不能正常运行，有相应的替代通道

表格来源：作者自绘

本书结合上述布局原则，拟采用服务范围大、连接性强、安全韧性度高的网络状路网布局模式。

亚安全区条件下城市深层地下建筑空间模型建构

2）通道的重要物理参数

在我国现行规范中，对于深层地下空间（埋深超过 30m）的地下建筑的安全疏散距离没有给予明确的规定，因此本节将对深层地下空间的水平疏散通道长度做初步推导。

各国对建筑疏散通道的距离都有规范和要求，当前规范中关于疏散距离条例整理见表3.3。加拿大有关学者从火灾全过程出发，对火灾蔓延和疏散时间之间的相互影响进行了分析，并对 30m 的最远疏散距离进行了检验。我国《建筑防火通用规范》GB 55037 规定，对汽车库内任一点至最近人员安全出口的疏散距离：单层汽车库、位于建筑首层的汽车库，无论汽车库是否设置自动灭火系统，均不应大于 60m；其他汽车库，未设置自动灭火系统时，不应大于 45m；设置自动灭火系统时，不应大于 60m。在某些大型工程中，为解决人员的疏散距离太长，或为解决难以根据规范要求设置直接通向室外安全出口的问题，而设置了避难走道，并规定从任何一个防火分区通向避难走道的门到这个避难走道最近的直接地面的出口的距离不应该超过 60m。

当前建筑规范中关于疏散距离条例的整理　　　　　　　　　　　　　　　　表 3.3

规范名称	相关内容
《建筑设计防火规范》GB 50016	避难走道直通地面的出口不应少于 2 个，并应设置在不同方向。任一防火分区通向避难走道的门至该避难走道最近直通地面的出口的距离不应大于 60m
《人民防空工程设计防火规范》GB 50098	室内任意一点到最近安全出口的直线距离不宜大于 30m；当该防火分区设有自动喷水灭火系统时，疏散距离可增加 25%
《汽车库、修车库、停车场设计防火规范》GB 50067	汽车库室内最远工作地点至楼梯间的距离不应超过 45m，当设有自动灭火系统时，其距离不应超过 60m

表格来源：作者整理绘制

但受建设成本等各方面因素影响，深层地下空间直通地面的垂直疏散体数量有限，相比于地面建筑，疏散人员需要花费较大比例时间在水平疏散通道中，故无法将 60m 设置为深层地下空间水平疏散通道的安全疏散距离。

经查阅，在隧道、特殊人防工程规定中，任意一点到紧急出口的疏散距离可设置为 150～500m（表3.4）；另外，欧洲国家以一名带有两个小孩的女性在一般火灾情况下的疏散距离作为标准来设置逃生口或避难所，一般为 300m 左右。

规范名称	相关内容
《城市地下综合体设计规范》 DG/TJ 08—2166	规定根据战时及平时的使用需求，相邻的防护单元之间以及防护单元与邻近的城市地下建筑之间应在一定范围内连通。单体式城市地下综合体的防护单元，当暂无条件与周边设防空间连通时，应根据人防建设规划预留人防连通口，多体连通式城市地下综合体的人防工程可借助设防的地下交通联络空间连通，地下交通联络空间作为人防连通道时，每隔 150 ~ 300m 应设一个战时人员出口
NFPA 502 — Standard for Road Tunnels，Bridges，and Other Limited Access Highways	隧道中需要提供紧急出口，隧道内任意一点到紧急出口的距离不能超过 300m（1000 英尺）
《城市地下道路工程设计规范》 CJJ 221	城市地下道路除快速路外，当同孔内设置非机动车或人行道时，地下道路长度不宜超过 500m，且不得大于 1000m

表格来源：作者整理绘制

本书还结合通过最佳逃生时间 T 来约束疏散人员到达垂直疏散体的疏散距离，公式为：

$$D \leqslant v\,(T-T_1)\frac{H}{v'\sin\theta} \tag{3.1}$$

其中，T_1 为开始疏散时间，H 为硐室内最高层标高，θ 为通道内的楼梯的坡度，v 为疏散人员在水平疏散通道中的速度，v' 为硐室内疏散人员下楼梯的速度。不考虑人员拥堵与预动作时间，在理想化情况下，设置 T=6min，T_1=0，H=12m，θ =31°，v=1.2m/s，则疏散人员在水平疏散通道内的时间可取 250s，最大水平疏散距离 D 可取 300m。

综上，本书参考公路隧道、人防工程建设等其他规范，并结合人员疏散疲劳度和最佳逃生时间分析，将 300m 设置为深层地下空间基础模型中任一点与垂直疏散体之间的水平通道疏散距离。

水平疏散通道对火灾蔓延起到有效的遮断功能，与垂直疏散体、避难场所有方便的连接，其宽度和高度应合理设计，具有足够安全的容纳空间，以便人员能迅速从建筑物疏散到该类亚安全区中并进一步进行疏散转移。模型的水平疏散通道宽度与高度参考《地铁安全疏散规范》GB/T 33668，疏散通道宽度设计应沿着疏散方向，保障前后疏散通道的通过能力相匹配，且后面疏散通道的通过能力宜大于前面疏散通道的通过能力。另外，通道宽度设计需要满足防火要求，应充分考虑火灾发生后产生的辐射热对相邻硐室建筑的影响。有研究表明，若火灾发生时喷淋失效，通过计算可燃物接收到的火源辐射和火源的热释放速率的关系，可初步得出主通道的宽度不宜小于 8m[75]；某些大型展厅使用防火隔离带概念，将大空间用疏散通道划分为多个分区，其防火隔离带宽度设置将根据不同展览类型进行最小宽度规定，一般为 12 ~ 17m[76]；《建筑设计防火规范》GB 50016 则将一、二级耐火等级多层建筑之间的防火间距定为 6m。其余现有部分规范关于通道宽度与高度的相关条例整理如表 3.5。

部分规范关于通道宽度与高度的相关条例 表 3.5

规范名称	通道宽度相关条例	通道高度相关条例	备注
《城市地下道路工程设计规范》CJJ 221	人行横通道或人行疏散通道的疏散净宽不应小于 2.0m	人行横通道或人行疏散通道的净高不应小于 2.2m	当人行疏散通道仅用作安全疏散时，净宽度不应小于 1.2m，净高度不应小于 2.1m
《人员密集场所消防安全管理》XF 654	疏散走道的净宽度不应小于 3.0m，其他疏散走道净宽度不应小于 2.0m	—	—
《人行地下通道设计标准》SJG 68	通道的通行净宽应根据设计年限内高峰小时人流量及设计通行能力计算，且不宜小于 4m	通行的净高不应小于 2.5m，宜取 2.7～3.4m	当主通道直线长度超过 50m 时，净宽和净高宜适当加大；主通道连续长度大于 200m 时，应进行消防专项设计
《城市地下空间规划标准》GB/T 51358	地下商业设施单侧布局时，人行通道宽度不宜小于 6.0m；双侧布局时不宜小于 8.0m	净高不宜小于 3.0m；当设有商业等设施时，不宜小于 3.5m	—
《商店建筑设计规范》JGJ 48	当建筑高度小于 24m 时，通廊或中庭最狭处宽度不应小于 6m，高度大于 24m 时，通廊或中庭最狭处宽度不应小于 13m	—	有顶盖通廊或中庭（室内步行街）及其两边建筑各成防火分区

表格来源：作者整理绘制

结合上述规定，深层地下空间基础模型疏散通道的设计净宽不应小于 4.0m，且主疏散通道不应小于 8.0m，净高度设置为 3.4m，各层建筑高度为 4.0m。具体的宽度参数还应根据建筑类别、疏散人数的规模进行确定。

3）横向连接通道的设置

另外，针对水平疏散通道疏散距离过长问题，可借鉴隧道工程中横向连接通道的设置：当灾害发生时，人员可以利用横向连接通道移动至另外一侧避难走道内，从而保障人员疏散的安全性。由于实际工程中的施工造价限制，横向通道之间的间距需要限制。

各国根据本国国情制定了不同的隧道防火设计规范，因而在逃生通道的具体要求上存在着一定差异，但普遍要求联络通道间距控制在 500m 以内，各国对公路隧道横向通道间距的规定整理如表 3.6。

部分国家对公路隧道横向通道间距的规定   表 3.6

国家	横向通道间距	备注
美国	$100 \sim 300m^{[77]}$	—
法国	$200 \sim 400m$	—
中国	$250 \sim 500m$	《公路隧道交通设计规范》
瑞士	300m	—
德国	350m	根据最新 RABT 曲线,可将连接通道间距下调到 300m
日本	350m	—
奥地利	500m	设置间距最远距离为 1000m

表格来源:作者整理绘制

  在地面隧道内,横向疏散逃生方式依逃生对象的不同,可分为人行横向通道和车行横向通道两种(表 3.7)。这两种横向通道在布置方式上是一样的,都是沿着主隧道纵深方向,以一定的间隔设置横向通道,增大两条主隧道的联系程度。纵向疏散方式是指在主隧道纵深方向上,利用隧道侧向多余的空间,按一定的间距布置紧急逃生出口。将两种疏散方式组合在一起,可以让设置间隔得到进一步的扩大。通常纵向疏散通道间距为横向通道间距的 $1/3 \sim 1/2^{[78]}$。

横向联络与纵向联络通道逃生方式概要   表 3.7

项目	横向联络通道逃生方式	纵向联络通道逃生方式
设置原理	沿主隧道纵向,通过横向联络通道将上下行两条隧道相连通,当其中一条隧道突发紧急状况时,人员可通过横向通道到达另一主隧道实现安全逃生	以逃生滑道、逃生滑梯或下沉式逃生楼梯等单向下行疏散通道到达车道板下侧疏散逃生通道内,或以逃生竖井楼梯将主隧道与室外地面直接连通
通道间距	因工程实际的不同有较大差异,间距多数在 100 ~ 500m 范围内。相关规范有:《建筑设计防火规范》GB 50016 规定间隔宜为 250 ~ 300m;《公路隧道设计细则》JTG/T D70 规定间距宜为 250 ~ 500m;《铁路隧道设计规范》TB 10003 规定间距不应大于 500 m;《公路隧道设计规范》JTG D70 建议设置间距可取 250m,不宜大于 500m;《道路隧道设计规范》DG/TJ08—2033 规定人行通道安全口间距不宜大于 250m	《道路隧道设计规范》DG/TJ 08 规定下滑辅助逃生口的设置间距不宜大于 120m,疏散至上(下)通道的楼梯设置间隔不宜大于 250m。在已知的隧道工程案例中,逃生滑梯应用最多,间距通常设定在 80m 左右
通道断面	断面尺寸:宽度从 1.4～2.5m 不等,高度多为 2.5m。相关规范:《建筑设计防火规范》GB 50016 规定净宽度不应小于 2.0m,净高度不应小于 2.2m;《公路隧道设计规范》JTG D70 规定净宽度 2.5m、净高度 2.0m	受隧道直径及行车限界的限制,车道板下疏散通道布置空间有限、通道入口狭窄(尚未有能达到 1.0m 的)

表格来源:作者整理绘制

城际铁路隧道与地铁隧道类似，联络通道也参考了类似做法：两条单线载客运营区间隧道之间应设置横向联络通道，联络通道可作为区间的疏散出口，相邻两个通道之间的距离不应大于 600 m（《地铁设计防火标准》GB 51298）；地铁工程中的联络通道用于连接同一线路区间上下行的两个行车隧道的通道或门洞，当列车在区间发生火灾等灾害、事故停运的时候，它可以作为旅客从事故隧道到没有事故隧道进行安全撤离的地方（《地铁设计规范》GB 50157）。对于隧道中的救援站，其横向疏散通道间距不宜超过 60m，通道断面尺寸（宽 × 高）不宜小于 4.5m×4.0m，通道两端应设置防护门，且防护门应具有一定的防火、防爆、抗腐蚀能力和耐候性能（图 3.6、图 3.7）。

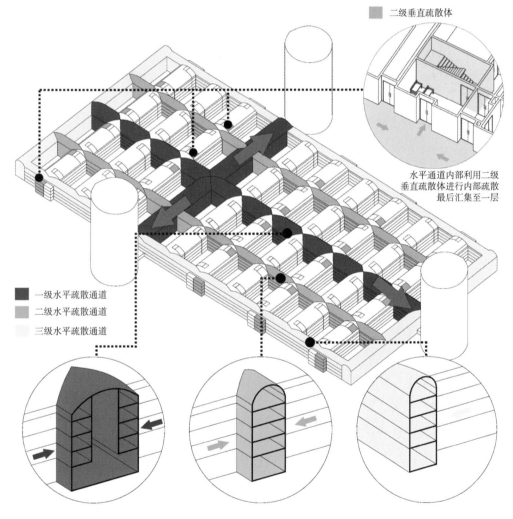

图 3.6　水平通道示意图
图片来源：作者自绘

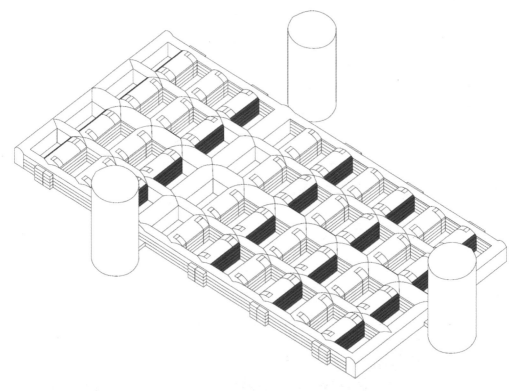

图 3.7　深层地下空间横向通道示意图
图片来源：作者自绘

考虑到深地空间利用特点、使用情况、硐室尺度和造价成本，将 80 ～ 120m 作为基础模型的横向通道间距标准，以确保人员疏散的安全性。该数据将在后文中进一步验证探讨。

3.3.2　垂直疏散设施设计

深层地下空间中竖向疏散设施常用的有楼梯、电梯、自动扶梯，常用于车行隧道中的有坡道、步行斜井、斜井疏散车辆滑梯等。本书确定的竖向疏散设施为楼梯、自动扶梯、电梯。《地铁设计防火标准》GB 51298 中规定了自动扶梯可用于疏散，美国 NFPA101 中要求超过地下四层的建筑必须含有疏散电梯；《电梯用于紧急疏散的研究》GB/Z 28598 中指出电梯或电梯群组可以较容易地疏散残障人员，且可减少总体的疏散时间。前文研究也表明了电梯可用于紧急疏散。因此，楼梯、电梯、自动扶梯均可用于深层地下空间疏散，相关规范总结如表 3.8 所示。

自动扶梯及电梯用于疏散的相关规范   表 3.8

规范	规定
《地铁设计防火标准》 GB 51298	自动扶梯可兼作疏散设施，作为疏散设施时需单独供电，采用不燃材料，运行方向与人员疏散方向一致，自动扶梯下部空间与其他空间需采取防火措施分隔
《地铁安全疏散规范》 GB/T 33668	自动扶梯用于疏散时，应考虑 1 台自动扶梯处于检修
美国 NFPA101 《电梯用于紧急疏散的研究》 GB/Z 28597	超过地下四层的建筑必须含有疏散电梯 电梯或电梯群组可以较容易地疏散残障人员，对于减少总体的疏散时间是可能的

表格来源：作者自绘

竖向疏散设施的分级目标是在不同疏散阶段中都能保证疏散的安全、快捷与畅通，分级基于不同疏散阶段中疏散人员的数量、密度及疲劳度。此外，深层地下空间的施工方式也对竖向疏散设施的分级有一定的影响，即深地施工竖井开挖留下的通道便作为深层地下空间中直通地面的垂直疏散体。

根据前文提及的深层地下空间疏散三个阶段中人员的数量、密度及疲劳度，将深层地下空间竖向疏散设施分为三个级别。一级竖向疏散设施指在直通地面的垂直疏散体中的竖向疏散设施。二级竖向疏散设施指在水平疏散通道中的竖向疏散设施。三级竖向疏散设施指在硐室内部连接硐室上下层的竖向疏散设施。

1）一级竖向疏散设施

一级竖向疏散设施即直通地面垂直疏散体中的疏散设施。垂直疏散体由深层地下空间施工开挖留下的竖井建成。垂直疏散体位于一级水平疏散通道端口，因此其汇集了从水平疏散通道汇流而来的大量疏散人员，同时由于较长距离的水平疏散，部分人员已经产生了疲劳。若垂直疏散体内部仅仅使用楼梯疏散，则疏散人员因上行距离长，更易产生或加剧疲劳效应，进而导致楼梯上行疏散中因疲劳产生拥堵，降低疏散效率和安全性，因此需要考虑多种竖向疏散设施共同疏散（图 3.8）。前文已经提到了自动扶梯和电梯在紧急疏散中运用的可行性，疏散设施的选择和疏散设施的数量配置将在第四、五章中论述。此外，《建筑防火通用规范》GB 55037 中指出除轨道交通工程外，埋深大于 10m 且总建筑面积大于 3000m² 的地下或半地下建筑（室）应设置消防电梯，因此在直通地面的垂直疏散体中还应增设适量消防电梯供消防人员使用。深层地下空间基础模型中每处垂直疏散体的疏散人员覆盖范围，参考《城市地下综合体设计规范》DG/TJ 08—2166 中每隔150 ~ 300m 应设置一个人员出口的要求。相关规范列表见表 3.9。

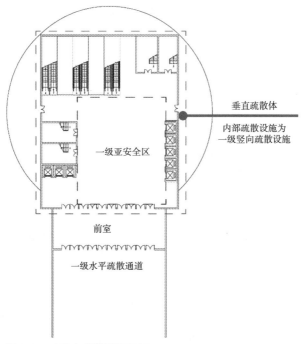

图 3.8　一级竖向疏散设施平面图
图片来源：作者自绘

垂直疏散体
内部疏散设施为
一级竖向疏散设施

一级亚安全区

前室

一级水平疏散通道

相关规范和研究对一级垂直疏散体的限定

表 3.9

规范及工程	规定
《城市地下综合体设计规范》DG/TJ 08—2166	地下交通联络空间作为人防连通道时，每隔 150～300m 应设置一个战时人员出入口
美国 NFPA502—Standard for Road Tunnels, Bridges，and Other Limited Access Highways	隧道中要提供紧急出口，隧道内任意一点到紧急出口的距离不能超过 300m（1000 英尺）
《建筑防火通用规范》GB 55037	埋深大于 10m 且总建筑面积大于 3000m² 的建筑需增设消防电梯

表格来源：作者自绘

2）二级竖向疏散设施

　　二级竖向疏散设施与水平疏散通道相连，实现深层地下空间水平疏散通道之间的上下疏散。二级竖向疏散设施包括楼梯、自动扶梯和电梯。水平疏散通道中根据不同的需要设置不同种类与数量的竖向疏散设施。比如只连接一侧硐室的三、四级水平疏散通道中疏散人员较少，可只设楼梯或自动扶梯（图 3.9）；连接两侧硐室的二级通道内疏散人员较多，需要楼梯配合疏散电梯进行疏散，并通过电梯疏散硐室中的残障人员（图 3.10）。二级竖

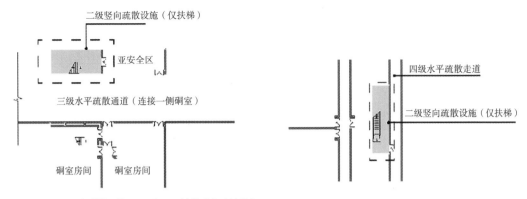

图3.9 二级竖向疏散设施平面图（只设楼梯或自动扶梯）
图片来源：作者自绘

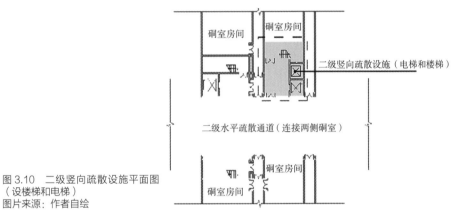

图 3.10 二级竖向疏散设施平面图
（设楼梯和电梯）
图片来源：作者自绘

向疏散设施间距根据《公路隧道消防技术规范》DB 43/729 中的要求（表 3.10），建议
每隔 80m 设一处二级竖向疏散设施。

隧道工程对二级垂直疏散体的限定   表 3.10

规范	规定
《公路隧道消防技术规范》DB 43/729	双层盾构隧道的疏散通道中，一、二级隧道应每隔 80m 设置一处横向疏散通道； 盾构隧道下部纵向疏散通道中，一、二级隧道应每隔 80m 设置一处向下逃生的疏散口

表格来源：作者自绘

3）三级竖向疏散设施

三级竖向疏散设施位于硐室内部，实现洞室内部的上下疏散，三级竖向设施主要为楼

梯和少量电梯，电梯承担残障人员疏散的功能。硐室内部设两部楼梯，楼梯间距小于 40m，符合《建筑设计防火规范》GB 50016 的要求。三级竖向疏散设施平面图如图 3.11 所示。

综上，一、二、三级竖向疏散设施分级如图 3.12 所示，竖向疏散设施的分级是深层地下空间疏散模型建立的重要一环。

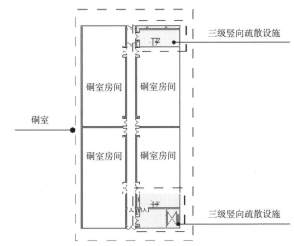

图 3.11　三级竖向疏散设施平面图
图片来源：作者自绘

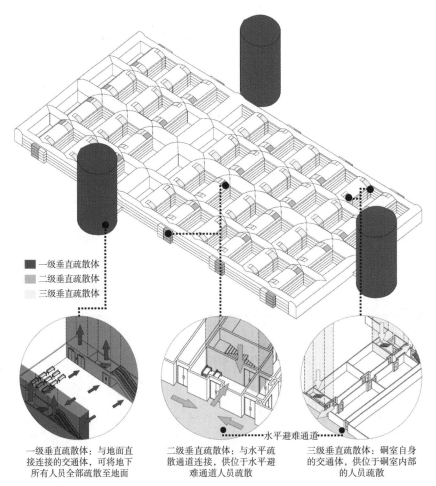

图 3.12　一、二、三级竖向疏散设施分级
图片来源：作者自绘

3.3.3　亚安全区设计

　　城市深层地下空间规模大，不同区域的人群分布情况差别较大，当灾害发生时，对各部分位置产生的影响就不尽相同，伴随着人员的疏散行为发生后，各部分位置的疏散状况与需求也会产生较大差异。处于边缘位置的区域人数较少、疏散需求量小；而在疏散过程中人员汇集的区域，人员的汇流会使得该节点内人数较多，疏散需求也会相应增加。城市规划中认为对避难场所分等级的布局形式（图 3.13）能够综合考虑人口密度、避难行为，可有效防止空间的浪费[79]。因此，为了明确各节点不同等级的疏散责任，实现城市深层地下空间中疏散设施分级管理，需要依据各节点的疏散需求设置不同的亚安全区，根据位置、相关参数的不同来划分亚安全区等级。

单一型　　　　　　　　　　　　均衡型　　　　　　　　　　　　分级型

图 3.13　城市避难场所空间布局类型
表格来源：作者自绘

　　在不同规范中，已有与亚安全区概念相关的疏散设施配置、参数设置的分级处理。如表 3.11 所示，针对相关节点的参数主要依据设施所具备的功能、所处位置和疏散人员数量来进行设置。因此，城市深层地下空间中亚安全区以所处位置为分级依据，后续参数设置以容纳人员数量为计算基础，由此形成不同等级的亚安全区。

亚安全区参数设置与分级处理　　　　　　　　　　　　　　　　表 3.11

规范	规定
《建筑防火通用规范》 GB 55037	7.1.8 条：防烟楼梯间前室的使用面积，公共建筑、高层厂房、高层仓库、平时使用的人民防空工程及其他地下工程，不应小于 6.0m²；与消防电梯前室合用的前室的使用面积，公共建筑、高层厂房、高层仓库、平时使用的人民防空工程及其他地下工程，不应小于 10.0m²
《建筑设计防火规范》 GB 50016	6.4.14 条：防火分区至避难走道入口处应设置防烟前室，前室的使用面积不应小于 6.0m²

规范	规定
《防灾避难场所设计规范》 GB 51143	3.1.10 条：对不同类别避难场所的避难面积、疏散距离、避难容量、责任区建设用地和服务总人口进行了规定
	4.2.2 条：以避难人数为依据来确立缓冲区的宽度，其将避难人数划为 0～2000 人、2000～8000 人、8000～20000 人三个档次
《特殊设施工程项目规范》 GB 55028	4.2.3 条：依据不同避难期来规定避难场所的人均最低有效避难面积。避难期为紧急时，避难面积规定为 0.5m²/人；临时为 1m²/人，短期为 2m²/人，中期为 3 m²/人，长期为 4.5m²/人

表格来源：作者自绘

在模型中，亚安全区被分为三级，其分布情况如图 3.14 所示。一级亚安全区（图 3.15）

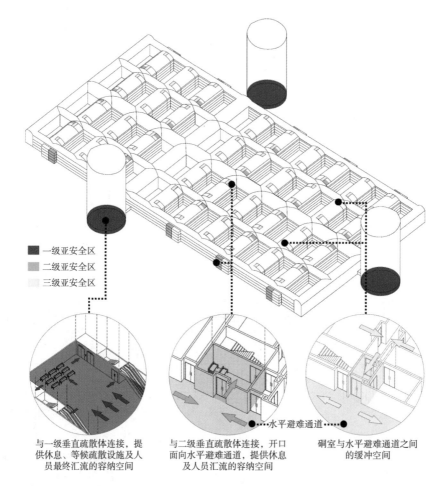

图 3.14 不同等级亚安全区分布示意图
图片来源：作者自绘

亚安全区条件下城市深层地下建筑空间模型建构

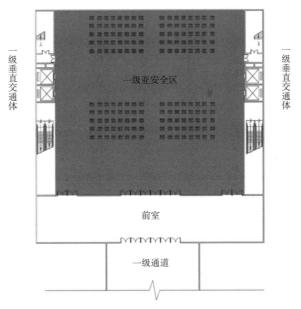

图 3.15　一级亚安全区图示
图片来源：作者自绘

位于与地面直接相接的垂直疏散体附近，属于深层地下空间疏散过程的最后阶段，在人群向地面疏散时提供休息、等候疏散设施以及等待疏散指示等空间，同时提供人员最终汇流的容纳空间，从而防止人员拥挤、踩踏等危险事故发生。二级亚安全区（图3.16）与二级垂直疏散体（不与地面直接相接）相连，位于水平通道和横向通道的交会处以及三级通道的一侧，属于人群向一级垂直疏散设施移动的疏散过程，其作用是在通道交会处易发生拥挤的地方设置缓冲空间，为疏散人员提供汇集、休息、等待疏散设施和疏散指示等空间，

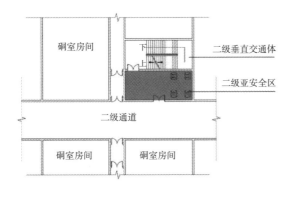
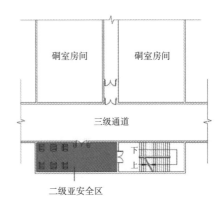
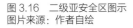

图 3.16　二级亚安全区图示
图片来源：作者自绘

同时兼做水平通道疏散楼梯间的前室。三级亚安全区（图3.17）为硐室与水平通道之间连接的前室，其主要功能是作为硐室与水平通道之间的缓冲空间，同时兼做硐室内部楼梯间的前室。

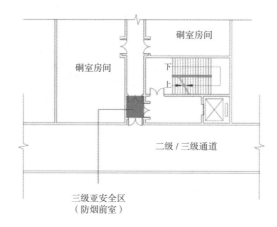

图 3.17　三级亚安全区图示
图片来源：作者自绘

Underground
Building
Space

4

深层地下建筑空间模型验证

现阶段国内外对于深层地下空间消防安全疏散研究呈现离散性的点式研究,对研究所涉及的运用场景缺乏共同认识,本书关于亚安全区条件下深层地下建筑空间模型的建立参考了大量诸如煤炭工业矿井、交通隧道等领域的规范和工程案例做法,结合深层地下人员疏散需求和空间特征,构建了深层地下建筑空间模型及其安全疏散网络体系,而后利用Pathfinder 软件对模型场景进行人员疏散模拟,通过调整立体疏散网络中各类影响因素,得到适宜设施配比、空间布置等结论,并对基础模型进行优化,最后形成一套较为完善而有系统性的模型。

4.1 模拟场景基础设置

4.1.1 城市深层地下空间人员疏散影响因素筛选

1)水平疏散通道影响因素

地下空间路网的疏散能力与疏散通道的设计参数关系密切。本书将深层地下空间疏散通道的主要物理几何属性分为宽度、长度以及高度三个方面,后文重点对宽度、长度进行研究。

其中,通道长度是指硐室单元前室的安全疏散门经由水平疏散通道达到垂直疏散体内的疏散长度,其长度的设置直接影响着整体的疏散时间。疏散通道宽度为减去障碍物后有效宽度的平均值。疏散通道宽度的设计不仅关系到人员疏散速度,而且关系到疏散人员能否顺利地从建筑物内逃生。建筑疏散通道净高不同,烟气沉降特性与烟气扩散情况不同。一般来说,疏散通道净高越高,烟气沉降越慢,通道上部就有更多的空间容留热烟气,结合合理的排烟速率,可保障疏散通道内烟气温度和质量分数符合安全疏散的要求。而过高的疏散通道同样会造成空间以及运行过程中的浪费。为同时提高深层地下建筑安全性,水平疏散通道高度应酌情在现有地面建筑设计规范与地下街道设计的基础上增加一定幅度。

2）亚安全区影响因素

针对疏散过程中关键节点的选择与设置需要考虑的问题十分复杂，其中牵涉因素众多，通过对众多学者关于建筑场景中火灾与人员疏散的变量研究进行整理，同时结合地下深层空间的结构特征以及疏散方式特点，筛选出针对亚安全区疏散效果的相关影响因素（表4.1），分别为亚安全区布局、亚安全区出入口宽度、数量以及位置布置、亚安全区形状及尺寸设置。

亚安全区因素（出入口因素）选择   表 4.1

相关文献	出入口因素				
	位置	数量	尺寸	形状	障碍物
Research on evacuation simulation of underground commercial street based on reciprocal velocity obstacle model	√	√	√	√	√
Research on the influence of building convex exit on crowd evacuation and its design optimization	√	√	√	√	
Finding the optimal positioning of exits to minimise egress time: A study case using a square room with one or two exits of equal size	√	√	√		
Examining effect of architectural adjustment on pedestrian crowd flow at bottleneck	√				√
Impact of wedge-shaped design for building bottlenecks on evacuation time for efficiency optimization		√		√	
Experimental study of pedestrian flow mixed with wheelchair users through funnel-shaped bottlenecks.			√	√	
Simulating pedestrian flow through narrow exits	√	√			√
Effect of form of obstacle on speed of crowd evacuation					√

表格来源：作者自绘

3）竖向疏散设施影响因素

竖向疏散设施影响因素较多，如竖向疏散设施种类、数量、尺寸，疏散高度，疏散设施运行速度等。本书为该研究的初始阶段，因此只讨论竖向疏散设施种类、疏散高度、数量对疏散的影响，其余影响因素为后续的研究内容。模拟中疏散设施影响因素及变量参数如表4.2所示。

竖向疏散设施影响因素及变量参数差异汇总 表 4.2

深度	疏散设施种类				
地下 30m	楼梯	自动扶梯（人员不动）	自动扶梯（人员走动）	电梯（2.5m/s）	电梯（6m/s）
地下 50m	楼梯	自动扶梯（人员不动）	自动扶梯（人员走动）	电梯（2.5m/s）	电梯（6m/s）
地下 100m	楼梯	自动扶梯（人员不动）	自动扶梯（人员走动）	电梯（2.5m/s）	电梯（6m/s）

表格来源：作者自绘

4.1.2 人员疏散模拟软件选取

影响人群安全疏散的因素复杂，疏散过程中人的行为存在不确定特性，如何合理考虑各种影响因素，提出简化合理的计算模型成为各国学者研究的热点。目前有关人员疏散的模型有 30 多个，各种模型在假设条件、使用场合、操作方式与数据输入输出等方面存在着较大的差异。

美国的 Thunderhead engineering 公司研发出一种用于人群撤离的仿真软件——Pathfinder，它的特点是简单、直观、易用。该系统利用计算机图像模拟技术，模拟人群中人员的行动，确定人员在紧急情况下的最优撤离路线和所需要的撤离时间。对比几种常用火灾及疏散仿真模拟软件（表 4.3），研究发现 Pathfinder 软件可以模拟灾难发生时的疏散路线和不同地区的疏散时间，还可以设置人员密度、人员的接近程度、人员的移动速度等，较适合于大型建筑的人员疏散模拟，符合本研究的论述需求。因此，本书选用 Pathfinder 作为疏散的模拟仿真软件。

常用模拟软件比较 表 4.3

软件	原理	用途
Pathfinder 疏散仿真软件	人员紧急疏散逃生评估系统	基于人员行为运动的模拟器，具备区域分解的功能，可同时展示各区域人员逃生路径
Anylogic	基于 Agent 模型与系统动力学	基于离散事件和系统动力学，可以使用各种可视化建模流程图、状态图
FDS+EVAC 火灾模拟软件	EVAC 为 FDS 的一个组件，可以同时进行火灾模拟和疏散模拟	考虑了火灾与人员疏散间交互作用，可对人员个体进行属性设置，具有独特的逃生策略，较为真实地反映火灾蔓延和疏散之间的交互作用等特点
Building EXODUS	在元胞自动机模型的基础上，由疏散空间、人员设置、毒性和危险性三大交互作用的子模块组成	可追踪疏散个体的运动轨迹。综合考虑了火灾产物的作用以及出口处可能发生的堵塞

软件	原理	用途
SIMULEX	依据距离图的方法来计算人员运动速度	主要用来模拟高层建筑物内大量人员的疏散，以人员在人群中的个体特性作为分析目标，无法运用于性能化防火设计中
STEPS	基于经典元胞自动机理论的大型三维疏散模拟软件	适合模拟常态下大型场所人群的分布、运动等规律的人员疏散

资料来源：作者整理自绘

Pathfinder 包括 SFPE 模式和 Steering 模式（图 4.1）。SFPE 模式是基于人员流量，并遵循就近原则，人们只会从距离他们最近的一个出口进入，无论该出口有几个人，都不会改变他们的行动轨迹，且列队应满足 SFPE 假设。而 Steering 模型通过将路径规划、引导和碰撞处理相结合，实现对行人移动轨迹的有效控制，使行人之间的距离或者最近点的路径在一定程度上超出了一定的临界值，从而实现了对行人移动轨迹的重构。也就是考虑具体的人的行为，在疏散时如果某个出口或楼梯较为拥堵的话，疏散人员就会选择附近的其他疏散出口。将软件中的两种模式进行比较后，发现 Steering 模式更接近紧急情况下人员的疏散状态，因此本书中所有模拟均采用 Steering 模式进行模拟、计算、分析。

Pathfinder 软件智能化程度高，是目前应用较为广泛的应急疏散逃生评估软件系统，此外，最重要的是，Pathfinder 可与 BIM 进行转换，能够更加方便地与对应工程进行结合，因此，本书选用 Pathfinder 作为模拟软件。

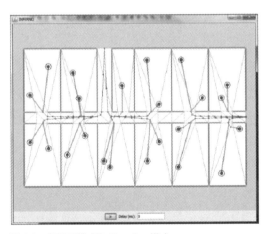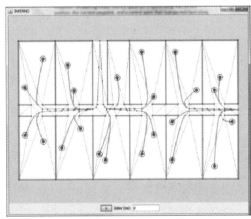

图 4.1　SFPE 模式和 Steering 模式
图片来源：Thunderhead Engineering, Pathfinder 2016 Technical Reference

4.1.3 人员基本参数设置

1）人员数量

人员数量方面，《城市地下空间规划标准》GB/T 51358 中将地下空间功能类型分为地下交通、地下市政、地下商业服务、地下公管公服、地下仓储、地下工业及地下防灾等，本书的网络状硐室群深层地下空间利用形态具有规模化、标准化的特点，较适用于空间重复度高的功能类型（如办公、教学等）。其余类型如地下仓储，特殊功能类型人数较少，地下交通不适用于本书的网络状硐室群空间。因此，本书选取地下行政办公建筑、地下商业建筑、地下教育科研建筑、地下防灾与人民防空建筑作为主要计算对象，并根据最终计算结果，选取较不利疏散人数（即疏散人数总量最多）作为研究疏散模拟的人数设置。研究的模型中普通硐室单元建筑面积取值 3200m^2，交通硐室单元建筑面积取值 2684m^2，共有 20 栋普通硐室、16 栋交通硐室，计算结果如表 4.4 所示，最终疏散总人数选用为 16636 人。

不同类型建筑疏散人数计算表　　　　　　　　　　　　　　　　　　　表 4.4

建筑类型	参考来源	计算依据	疏散人数
行政办公	《办公建筑设计标准》JGJ/T 67	当办公建筑无法额定总人数时，可按建筑面积 9m^2/人进行推算	11552 人
商业	《建筑设计防火规范》GB 50016 参考文献[80]	商店疏散人数以规定的人员密度进行计算，同时考虑不同商业功能及地下建筑结构占比	14538 人
教育科研	参考文献[81]、[82]	依据相关大学教学楼使用情况及大致房间配比进行计算	14405 人
防灾与人民防空	《防灾避难场所设计规范》GB 51143、《人民防空地下室设计规范》GB 50038、《人民防空工程设计防火规范》GB 50098	根据《防灾避难场所设计规范》3.1.10、3.1.11 条面积确立为长期避难固定场所，人均有效避难面积为 4.5m^2/人，地下掩蔽面积选取 0.7 系数进行折算	16636 人

表格来源：作者自绘

2）比例

深层地下空间中男女比例确定为 1：1。根据调研统计，人群中中青年人数占比约为 86%，老年人与儿童各占比约为 7%。残障人数量则参照美国规范 NPFA101 中规定，每 50 个人预留一个轮椅区域。

3）身体尺寸

对于人员身体尺寸，数据参照《中国成年人人体尺寸》（表 4.5），本书选取表中 50 百分位的尺寸参数，将成年人的肩宽定于 35 ~ 45cm，正态分布。

中国成年人人体尺寸节选   表 4.5

百分位		5%	10%	50%	90%	95%	100%
男	肩宽	34	35	37	39	40	41
	最大肩宽	39	40	43	46	46	48
	胸厚	18	19	21	23	24	25
女	肩宽	32	32	35	37	37	38
	最大肩宽	36	36	39	42	43	45
	胸厚	17	17	19	22	23	25

表格来源：作者改绘

4）行人速度

不同性别及年龄段的行人速度有差异，《地铁安全疏散规范》GB/T 33668 为疏散人员的水平速度提供了参考值。本研究使用标准参考值来设置模拟中行人的水平移动速度（表 4.6）。

行人水平速度参考值   表 4.6

人员类别	儿童	青年男性	青年女性	中年女性	老年人员
《地铁安全疏散规范》（m/s）	0.76	1.25	1.05	1.05	0.76

表格来源：《地铁安全疏散规范》GB/T 33668

竖向运动速度在《地铁安全疏散规范》GB/T 33668 中也有涉及（表 4.7），其中对于上行疏散及下行疏散有不同的速度划分，中青年男性上行疏散速度为 0.67m/s。中青年女性上行疏散速度为 0.63m/s，老人及儿童上行速度为 0.40m/s。

不同年龄、性别人员的运动速度   表 4.7

不同人群	水平行走速度（m/s）	楼梯下行速度（m/s）	楼梯上行速度（m/s）
中青年男性	1.25	0.90	0.67
中青年女性	1.05	0.74	0.63
老人及儿童	0.76	0.52	0.40

表格来源：《地铁安全疏散规范》GB/T 33668

Pathfinder 软件中疏散人员楼梯上行速度受上行高度影响，随着上行高度增加，疏散人员逐渐产生疲劳，导致上行速度下降。针对这一现象，国内外诸多学者进行过一系列的实验：刘容[44]模拟研究了 50 名人员在 −21 层地下空间上行疏散情况，考虑疲劳度的情况下，实验表明，平均每层楼的上行疏散时间比下行疏散时间高出约 27%。西南交通大学王江川[45]的研究中，平均上行速度为 0.50 ± 0.09m/s，平均下行速度为 0.61 ± 0.08m/s。单人疏散中上行速度随高度上升明显降低，而群体疏散中疏散速度降低不显著。Fujiyama 和 Tyler[83]的研究中上行下行速度分别为 0.58m/s 和 0.67m/s。

国内外对于上行疏散人员的疏散速度研究暂无统一的标准，这与参加疏散实验人员的个人体质与实验当天的状态有较大的关联，通过国内外文献可知上行楼梯平均疏散速度大致在 0.5 ～ 0.8m/s 的区间内。

本研究参考课题组成员的上行楼梯疏散实验（0 ～ 60m）[43]，实验表明上行疏散中速度值随疏散距离增加而逐渐降低，达到一定高度之后速度维持在恒定值，平均速度与高度的折减关系见表 4.8。韩国学者 Choi[40] 的上行疏散实验得出同样的结论，人员疏散至 55m 后其上行速度会衰减至一个定值。虽然本书的研究未有超过 100m 的上行楼梯疏散数据，但结合国外文献可确定上行高度 >60m 部分的速度折算系数与 55 ～ 60m 的数值相同。本书以《地铁安全疏散规范》GB/T 33668 中的速度为基础，并根据此速度折减系数设置不同高度下的人员平均疏散速度。

楼梯上行疏散速度折减系数　　　　　　　　　　　　　　　表 4.8

上行高度 （m）	平均速度（m/s） （男）	平均速度（m/s） （女）	与平均速度折算系数 （男）	与平均速度折算系数 （女）
5	1.16	1.12	1	1
10	1.13	0.94	0.98	0.83
15	1.11	0.94	0.95	0.82
20	1.06	0.82	0.91	0.73
25	1.00	0.79	0.86	0.67
30	0.90	0.73	0.76	0.64
35	0.85	0.70	0.72	0.62
40	0.74	0.69	0.63	0.61
45	0.74	0.67	0.62	0.59

上行高度（m）	平均速度（m/s）（男）	平均速度（m/s）（女）	与平均速度折算系数（男）	与平均速度折算系数（女）
50	0.72	0.66	0.61	0.56
55	0.71	0.61	0.61	0.54
60	0.71	0.60	0.60	0.54
>60	—	—	0.60	0.53

表格来源：作者改绘

4.2 水平疏散通道设置及其分级验证

4.2.1 水平疏散通道分级有效性验证

本节的实验模型选取未分级的基础模型作为基础疏散模型，标准分级模型作为分级疏散模型，以此进行不同的场景设置（图4.2～图4.4）。

本节实验模拟重点研究水平疏散通道设置对疏散过程的影响，不考虑竖向疏散设置差异对人员下行疏散的影响，因此将所有疏散人员的初始位置集中于首层硐室内。将分级模型的水平疏散过程分为三个流程：第一个流程为疏散人员由硐室首层防烟前室水平疏散至三级疏散通道中；第二个流程为疏散人员经由二级疏散通道汇流至一级疏散通道中；第三个流程为由一级疏散通道疏散至垂直疏散体内。本节模拟研究主要针对第二阶段，考虑通道分级情况与路径分配两类设置条件。

表4.9描述了疏散模拟的三种场景。

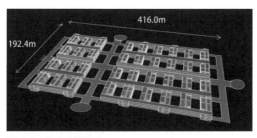

图 4.2 基础疏散模型
图片来源：作者自绘

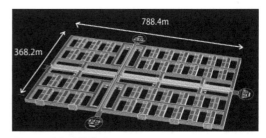

图 4.3 分级疏散模型
图片来源：作者自绘

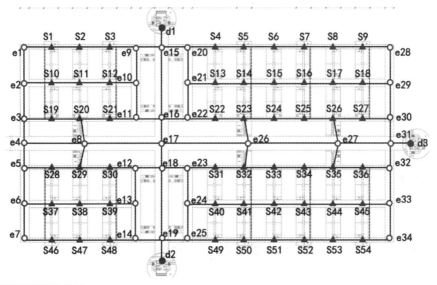

图 4.4　分级模型路网拓扑图
图片来源：作者自绘

模拟设定　表 4.9

场景	基础疏散模型选用	疏散通道是否分级	疏散终止节点	备注
场景一	基础疏散模型	否	d1、d2、d3	主疏散通道宽度设置不小于 8m，其余疏散通道宽度为 4m，考虑调整人员的出口选择与路径方案
场景二	分级疏散模型	是	一级疏散通道	疏散通道采用分级设计，考虑调整人员的出口选择与路径方案，水平疏散过程只包含前两个流程：一、二级疏散通道交会处采用过厅，以增加一级疏散通道安全性，进入一级疏散通道后视为安全
场景三	分级疏散模型	是	d1、d2、d3	疏散通道采用分级设计，考虑调整人员的出口选择与路径方案，水平疏散过程包含全部三个流程

表格来源：作者自绘

　　首先，结合 3.3.1 小节，场景一的基础模型疏散通道的净宽不应小于 4.0m，且主疏散通道不应小于 8.0m，净高度设置为 3.4m，各层建筑高度为 4.0m。其次，为设计安全出口总宽度，参考《人民防空地下室设计规范》GB 50038 中 3.3.8 规定，掩蔽工程战时出入口门洞净宽之和应该每百人不小于 0.30m 计算，且每门通过人数上限为 700 人。按每门通过人数 700 人计算，则疏散门总数量不应小于 25 个，门宽度选取 2.10m，则总宽度（2.1m/ 个 ×25 个）为 52.5m，即场景一基础疏散模型的疏散终止节点 d1、d2、d3 处的总宽度应设置为 52.5m，平均各个出口宽度应为 17.5m（表 4.10）。

场景一模拟设定

表 4.10

	主疏散通道宽度（m）	次疏散通道宽度（m）	d1、d2、d3 处通道宽度（m）
工况一	8.0	4.0	17.5
工况二	10.0	4.0	17.5
工况三	12.0	4.0	17.5
工况四	14.0	4.0	17.5
工况五	16.0	4.0	17.5
工况六	17.5	4.0	17.5

表格来源：作者自绘

　　本节通过预模拟实验，模拟标准硐室单元汇流进入三级通道这一阶段的疏散过程中，三级疏散通道宽度设置对人员疏散的影响。结果显示，考虑最不利情况，当三级疏散通道单侧接入硐室单元时，硐室疏散门总宽与三级通道净宽的比值为 0.70 时，最为经济高效；当三级疏散通道双侧接入硐室单元时，硐室疏散门总宽与三级通道净宽的比值为 0.65 时，最为经济高效。大多数情况下，标准硐室单元至少有两个安全出口，且三级疏散通道两个方向均可疏散，该比值可以按人员比例系数进行适当折算。由此计算，本书基础模型的三级疏散通道单侧接入硐室单元的宽度为 5.5m，双侧为 9.9m。同时，为了便于路网系统的建立，根据基础模型的水平疏散通道平面布局概况，提取该模型中的首层硐室安全出口及通道信息，其中，1 ~ 2 个硐室安全出口组成源节点，垂直疏散体前室入口为终止节点，各疏散通道汇流交叉口为交叉节点。

　　疏散通道宽度 W_{ij} 与路段通行需求 C_{ij} 正相关，与最大行人流疏散速度 $v_{e, max}$ 和行人可容忍的密度 ρ_{max} 呈负相关。针对某汇流节点 e，其先行支路通道（i，e）与后行汇流通道（e，j）的通道宽度 W 比值为：

$$\frac{W_{ie}}{W_{ej}} = \frac{\dfrac{C_{ie}}{v_{ie, max}\,\rho_{max}}}{\dfrac{C_{ej}}{v_{ej, max}\,\rho_{max}}} = \frac{\exp(-0.5u_{ej}^t)u_{ej}^t}{\exp(-0.5u_{ie}^t)u_{ie}^t} \cdot \frac{S'_{ej}S'_{ie}N_{ie}}{\left(\sum \dfrac{S_{ie}N_{ie}}{N_{ej}}\right)^2 N_{ej}} \quad (4.1)$$

式中，N 表示通道（i，j）的疏散总人数，S 表示通道（i，j）所有源节输入的疏散宽度总和，S' 表示通道（i，j）内输出的有效疏散宽度。结合各级疏散通道安全度与连接度考虑和汇流情况，可以分别计算出主次疏散通道宽度的取值范围，由此便于分级模型关键交叉节点的设计和水平疏散通道的参数指标构建。

当三级疏散通道单侧接入硐室单元的宽度为 5.5m，双侧为 9.9m，结合上述规定，本分级模型二级疏散通道宽度应为 12.5m，一级疏散通道宽度应为 18.2m，最终将此数据作为场景二、场景三中的初始宽度数据（工况四），即一级、二级、三级疏散通道初始宽度分为 18.2m、12.5m、9.9m（5.5m），将此数据分别乘以系数 0.65、0.75、0.85、1.15、1.25 进行调整，则得到场景二和场景三的工况一、工况二、工况三、工况五、工况六的疏散通道宽度参数设置（表 4.11）。

场景二、场景三模拟设定   表 4.11

	一级疏散通道宽度（m）	二级疏散通道宽度（m）	三级疏散通道宽度（m）	
			双侧接入硐室单元	单侧接入硐室单元
工况一	11.8	8.3	6.4	3.6
工况二	13.7	9.6	7.4	4.1
工况三	15.5	10.9	8.4	4.7
工况四	18.2	12.5	9.9	5.5
工况五	20.9	14.7	11.4	6.3
工况六	22.8	16.0	13.4	6.9

表格来源：作者自绘

1）疏散通道是否分级

在用户均衡分配原则下，基础模型（场景一）与分级模型（场景三）六个工况所有疏散人员到达终止节点 d1、d2、d3 的平均疏散时间分别为 467.7s 和 456.1s。

总体来看，随着疏散通道宽度的增加，两种场景的疏散时间均逐渐减少。当分级模型疏散的一级疏散宽度 ≤ 15.5m 时，疏散通道不分级时的疏散时间略小于通道分级；当分级模型疏散一级疏散宽度 ≥ 15.5m 时，疏散通道分级的效率明显提高，疏散通道不分级时的疏散时间明显大于通道分级的疏散时间，说明疏散通道分级能有效提高疏散通道的疏散效率。

表 4.12 描述了场景三在以原始疏散通道宽度（工况四）为标准的变化基础上，疏散过程中终止节点 d1、d2、d3（即垂直疏散体入口）处的出口疏散流率。

工况	工况一	工况二
疏散时间	509.5s	491.5s

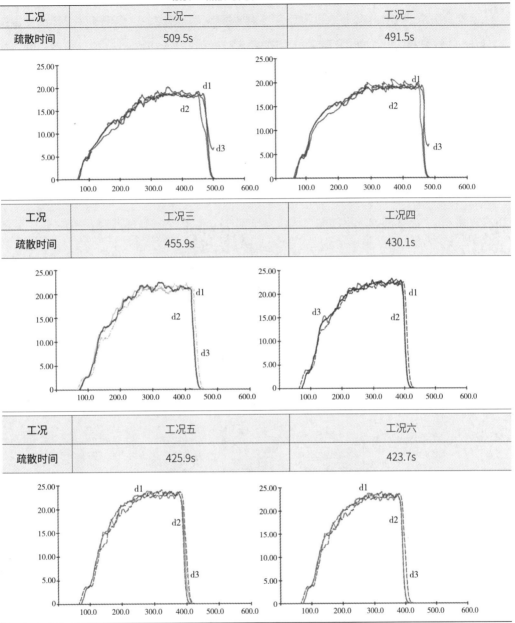

工况	工况三	工况四
疏散时间	455.9s	430.1s

工况	工况五	工况六
疏散时间	425.9s	423.7s

表格来源：作者自绘

对比场景一的 6 个工况，场景三在工况四、工况五和工况六中 d1、d2、d3 的节点流率变化曲线几乎一致，其峰值几乎相同，且流率维持在峰值（23.0 上下）的时间相对更长，各个出口的利用率更高，可解释当疏散通道宽度一定时，通道分级后疏散效率提高的原因。

2）是否设置过厅

尽管分级模型整体相较于基础模型已经有效提高了疏散效率，但仍无法满足前文建议的 6min 内将所有人员全部由硐室单元撤离垂直疏散体安全出口处这一最佳疏散时间，故应进一步对疏散通道进行优化设计。

通过场景二、场景三的对比，可以探究一、二级疏散通道交会处设置过厅后对疏散时间的影响：场景三在分级模型的基础上，在一、二级疏散通道交会处采用过厅进行过渡，增加了一级疏散通道安全性，疏散人员将根据距离、前方通道拥挤密度等因素选择不同的二级疏散通道，经过过厅这一过渡空间进入一级通道。实验疏散过程只包含前两个流程，即进入一级疏散通道后则视为安全，疏散结束，场景三 - 工况四的疏散过程通道使用时间情况如图 4.5。场景四的水平疏散过程包含全部三个流程，离开一级疏散通道才视为疏散

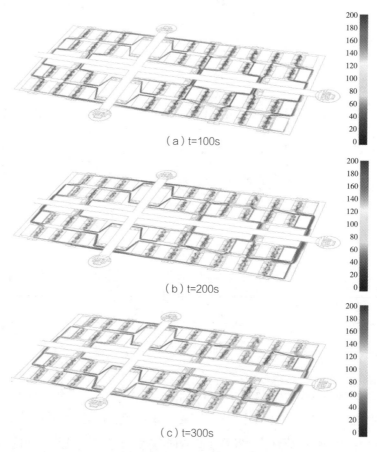

（a）t=100s

（b）t=200s

（c）t=300s

图 4.5　场景三 - 工况四疏散过程通道使用时间图
图片来源：作者自绘

结束。

从两个场景的疏散数据可知，在同一宽度情况下，场景三采用过厅进行过渡，能有效缩短疏散人员进入安全区域的疏散时间，提高 4.5% ~ 11.0% 的疏散效率。在工况四、工况五、工况六中，即当一级疏散通道宽度在 18.2 ~ 22.8m 之间时，所有疏散人员能在 357.2 ~ 358.8s 内全部进入一级疏散通道，这一时间可满足前文最佳疏散时间 6min 的要求，故在一、二级疏散通道交会处之间设置过厅，并使得过厅设计满足防火、防烟要求时，能有效缩短疏散人员到达相对安全的位置的时间，提高深层地下空间在应急疏散中的安全性与可靠性。

4.2.2　疏散通道宽度设置对疏散情况的影响

不同通道宽度条件下汇流交叉口与疏散人流密度之间存在一定联系。根据场景三各个工况的疏散时间可以推导出，在一定范围内增大疏散通道的宽度能有效提高疏散效率。而当一级疏散通道宽度大于 18.2m 后（工况四），疏散时间并没有随着通道的加宽而明显降低。这可能是由于疏散通道宽度的增加，导致疏散人员水平疏散行走距离增大，因此，各级疏散通道的宽度与水平疏散的距离应当进行控制。对比工况一和工况二、三、四，增大疏散通道宽度能显著缩短疏散时间，工况四较工况一的疏散效率提高了 15.6%。

在工况一、工况二中疏散通道不足的情况下，疏散人员在二级疏散通道内花费时间较长并形成严重拥堵，行人流在终止节点 d1、d2、d3 的流率并未达到峰值，且一级疏散通道（e15，d1）、（e19，d2）和（e31，d3）的人流密度全程低于 $1.9p/m^2$，说明该工况疏散通道宽度未能较好发挥终止节点的人员疏散效率；而在工况四 ~ 工况六中，三个终止节点的流率曲线均在峰值维持了 200s 以上。疏散通道宽度的进一步增加对疏散人员疏散时间的影响不明显，如一级疏散通道宽度从 17.0 m 增加至 20.0m，疏散时间仅下降 1.1%。

以工况一、工况二和工况三三种不同宽度的场景为例，当一级疏散通道宽度为 11.8m、13.7m 以及 15.5m，模拟获取的人流密度最大值分别为 $4.33p/m^2$、$4.25p/m^2$ 以及 $4.01p/m^2$，严重拥堵区域出现于二级疏散通道与一级疏散通道交叉汇流节点的前行路段（二级疏散通道）中，以及三级分流疏散通道与二级汇流通道交叉汇流节点的前行路段（三级疏散通道）中。例如在工况一中，三级疏散通道（s26，e30）和（s35，e32）在 220 ~ 330s，二级疏散通道（e13，e14）和（e24，e25）在

180～350s，以及二级疏散通道（e10，e9）、（e21，e20）在180～350s期间均出现长时间人流密度大于3.8p/m²的严重拥堵区域（图4.6中黑色区域表示密度超过3.98p/m²的拥堵区域）。

在工况四、工况五（一级疏散通道分别为16m、17m）中，模拟获取的人流密度最大值分别为4.03p/m²、3.98p/m²，在上述二级疏散通道中同样会分别形成持续30s、25s左右的局部拥堵区域，但多为小面积不严重的短时拥堵区域（图4.7）。

在工况五、工况六中（一级疏散通道为19m），上述三级疏散通道以及二级通道在190～210s期间仅出现瞬时人流密度大于3.8p/m²的局部瞬时拥堵区域，但在工况六中，终止节点附近的一级疏散通道出现了局部拥堵区域（图4.8），且持续时间较长、范围较大，考虑此时一级疏散通道宽度较终止节点疏散宽度（17.5m）差异较大，容易形成局部人流阴影区域，造成该区域安全隐患。

综上，根据仿真实验结果与数据分析可知，在疏散通道分级情况下，随着疏散通道宽

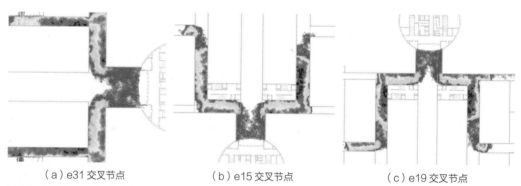

（a）e31 交叉节点　　　　　　（b）e15 交叉节点　　　　　　　（c）e19 交叉节点

图 4.6　场景四 – 工况一各个交叉节点附近拥堵区域情况
图片来源：作者自绘

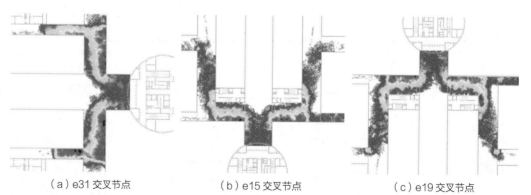

（a）e31 交叉节点　　　　　　（b）e15 交叉节点　　　　　　　（c）e19 交叉节点

图 4.7　场景四 – 工况四各个交叉节点附近拥堵区域情况
图片来源：作者自绘

| （a）d1 终止节点 | （b）d2 终止节点 | （c）d3 终止节点 |

图 4.8　场景四 – 工况六各终止节点附近拥堵区域情况
图片来源：作者自绘

度的增加，疏散时间呈下降趋势。在一定范围内增大疏散通道的宽度能有效提高疏散效率，而当一级疏散通道宽度大于 18.2m 后（工况四），疏散时间并没有随着通道的加宽而明显降低（场景四中工况五、工况六）；疏散通道较窄，会严重影响疏散效率（场景三中工况一、工况二）。根据工况对比，深层地下空间工程应用建议值可参考工况四，其中一级、二级和三级水平疏散通道宽度参数建议值分别为 19m、13m、10m（5.5m）。

4.3　竖向疏散设施配置及其分级验证

规范中疏散人员需要在一定时间内从火灾发生地疏散至安全区域，因此建立的深层地下空间疏散模型中需要保证人员能在规范所规定的时间内疏散至安全区域。为此，需要对深层地下空间疏散模型进行优化，先确定二、三级竖向疏散设施中疏散人员的疏散时间，从而计算疏散人员在水平疏散通道中剩余可用于疏散的时间。

目前规范中对于疏散时间的要求是基于疏散人员水平疏散速度 1m/s 确定的，各类建筑都有对应的疏散时间要求。比如《建筑设计防火规范》GB 50016 中规定体育馆观众厅的疏散时间按照 3000 ~ 5000 人、5001 ~ 10000 人、10001 ~ 20000 人分为三档，疏散时间分别为 3min、3.5min、4min。《剧场建筑设计规范》JGJ 57 中根据观众容量将疏散时间定为 4 ~ 6min。《民用机场航站楼设计防火规范》GB 51236 中提出火灾发生后的 10min 内是人员安全疏散的有利时机。《地铁设计防火标准》GB 51298 中要求站台层到站厅层的疏散时间不应大于 6min。

深层地下空间疏散模式为分阶段疏散。在分阶段疏散中，一级水平疏散通道通高

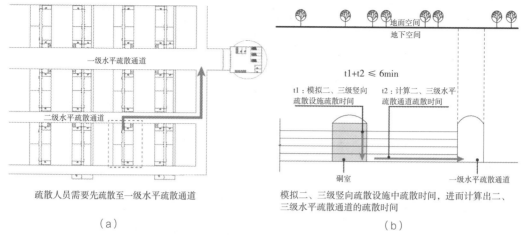

一级水平疏散通道

二级水平疏散通道

疏散人员需要先疏散至一级水平疏散通道

（a）

地面空间
地下空间

t1+t2 ≤ 6min

t1：模拟二、三级竖向　　　　t2：计算二、三级水平
疏散设施疏散时间　　　　　　疏散通道疏散时间

硐室

一级水平疏散通道

模拟二、三级竖向疏散设施中疏散时间，进而计算出二、
三级水平疏散通道的疏散时间

（b）

图 4.9 （a）疏散人员疏散流线平面示意图；（b）疏散人员各阶段疏散时间剖面示意图，其中 t1+t2 ≤ 6min
图片来源：作者自绘

20m，安装有防火排烟设备，若通道宽度较宽，则可容纳较多疏散人员，不易因拥堵产生
次生灾害，因此需要将硐室中疏散人员先疏散至一级水平疏散通道（图 4.9a）。而深层地
下空间的疏散模式与地铁站台中的疏散模式较为接近，因此本研究采用《地铁设计防火标
准》GB 51298 中要求站台层到站厅层的疏散时间不应大于 6min 这一标准，对应到模型
中即从火灾发生处的硐室中疏散至一级水平疏散通道的时长不应大于 6min。为此，本书
将模拟二、三级竖向疏散设施中疏散人员的疏散时间，进而计算出疏散人员在二、三级水
平疏散通道的疏散时长以及疏散人员在二、三水平疏散通道中的疏散距离（图 4.9b）；同
时建立 Pathfinder 模型进行仿真模拟（图 4.10）。

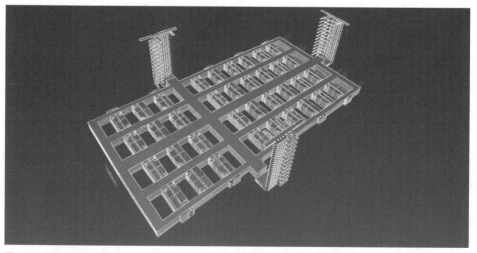

图 4.10 Pathfinder 疏散模型
图片来源：作者自绘

　　　　　　　　　　　　　　　　　　　　　亚安全区条件下城市深层地下建筑空间模型建构

4.3.1　二、三级竖向疏散设施人员疏散时间模拟

在进行群体疏散模拟之前先进行理想状态下的单人疏散模拟，经Pathfinder软件模拟，单人从硐室顶层疏散至硐室底层出口的时间为52s（图4.11），根据《地铁设计防火标准》GB 51298中6min内疏散至安全区域的指标，则留给疏散人员在二、三级水平疏散通道疏散至一级疏散通道的时间为308s。但实际疏散为群体疏散，随着疏散人数增加，疏散人群密度提高，行人的疏散效率降低，疏散人员会在楼梯口附近产生拥堵（图4.12），导致不同建筑类型下不同数量的疏散人员在三级竖向疏散设施的疏散时间不同，因此需要对各类建筑中不同人员指标进行模拟。

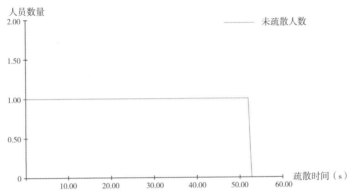

图 4.11　理想状态下的单人疏散时间
图片来源：作者自绘

图 4.12　各层人员在楼梯口处的汇流产生的堵点
图片来源：作者自绘

1）办公建筑疏散模拟

办公建筑单个硐室中人员数量参照规范中的人员指标计算值为 356 人，硐室中疏散人员的疏散路线为两个方向：从竖向疏散设施疏散至底层或直接疏散至周边的二、三级水平疏散通道。因此硐室中竖向疏散的疏散人员取总人数的 50%，即 178 人。人员竖向疏散的疏散结果如图 4.13 所示。据 Pathfinder 模拟可知，办公建筑中疏散人员从三级竖向疏散设施疏散至底层水平通道的时间为 116s，则留给疏散人员在二、三级水平疏散通道的疏散时间为 244s。二级竖向疏散设施的疏散逻辑类似于三级竖向疏散设施，所以二级竖向疏散设施的疏散时间同三级竖向疏散设施的疏散时间，故本研究不做重复仿真模拟。

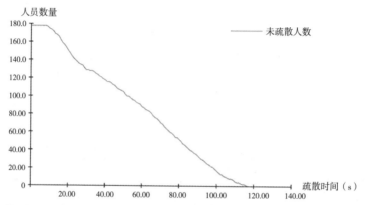

图 4.13　办公建筑中二、三级竖向疏散设施中的疏散时间
图片来源：作者自绘

2）教育科研建筑疏散模拟

据 Pathfinder 模拟可知，教育科研建筑中疏散人员在三级竖向疏散设施疏散时间为 131s，则留给疏散人员在二、三级水平疏散通道的疏散时间为 229s。

3）地下防灾建筑疏散模拟

据 Pathfinder 模拟可知，地下防灾建筑中疏散人员在三级竖向疏散设施的疏散时间为 148s，则留给疏散人员在二、三级水平疏散通道的疏散时间为 212s。

4）地下交通建筑疏散模拟

据 Pathfinder 模拟可知，地下交通建筑中疏散人员在三级竖向疏散设施的疏散时间为 121s，则留给疏散人员在二、三级水平疏散通道的疏散时间为 239s。

二、三级竖向疏散设施中疏散人员的疏散时间在不同建筑类型中各不相同，其对应时间如图 4.14 和表 4.13 所示。规范中疏散至安全区域（一级水平疏散通道）的时间为 6min 以内，则可计算出不同建筑类型的二、三级水平通道内疏散时间，再根据水平通道疏散时间计算疏散人员中二、三级水平通道中最长疏散距离。

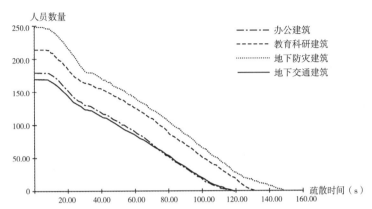

图 4.14　不同建筑类型中二、三级竖向疏散设施疏散时间汇总
图片来源：作者自绘

不同建筑类型人员指标下疏散人员在二、三级竖向疏散设施中的疏散时间　　表 4.13

	单人	办公建筑	教育科研建筑	地下防灾建筑	地下交通建筑
疏散时间	52s	116s	131s	148s	121s

表格来源：作者自绘

根据《建筑设计防火规范》GB 50016 中人员 1m/s 的速度计算，各类建筑疏散时间与水平疏散通道最大疏散距离如表 4.14 所示。为保证疏散的安全性，根据 Pathfinder 软件模拟，建议将各类型建筑二、三级水平通道的水平疏散距离控制在 200m 左右（若具备双向疏散，则水平通道的长度可控制在 400m 左右），即人员经 200m 的二、三级水平通道疏散后需进入较安全的一级水平疏散通道。

不同建筑类型疏散设施疏散时间和水平疏散通道最大疏散距离汇总　　表 4.14

	地下办公建筑	地下教育科研建筑	地下防灾建筑	地下交通建筑
二、三级竖向疏散设施疏散时间	116s	131s	148s	121s
二、三级水平疏散通道疏散时间	244s	229s	212s	239s
二、三级水平疏散通道疏散距离	244m	229m	212m	239m

表格来源：作者自绘

4.3.2 不同深度下一级竖向疏散设施选用模拟

本节主要对一级垂直疏散体内部的人员疏散进行仿真模拟，《城市地下空间规划标准》GB/T 51358 将城市地下空间分为浅层（0 ~ -15m)、次浅层（-15 ~ -30m）、次深层（-30 ~ -50m）和深层（-50m 以下）四个层级。而《北京市中心城中心地区地下空间开发利用规划》中规定的深层为地下 50 ~ 100m。因此深层地下空间模拟实验选取地下30m、50m、100m 进行研究，以探究不同深度下较为适合的一级竖向疏散设施。

本节的目标为确定不同深度下一级竖向疏散设施的选用，为深层地下空间基础模型中的疏散设施数量配置提供数据支撑。本节将设置不同种类的竖向疏散设施，并探究各类竖向疏散设施在 30m、50m、100m 不同深度地下空间中的疏散效率，以保证深层地下空间内人员能安全高效地进行疏散。本节竖向疏散设施选取楼梯、电梯以及自动扶梯——这三类为地下空间上行疏散中主要的竖向疏散设施，虽然国内暂无电梯疏散的具体规范，但是众多学者研究了电梯疏散的可行性，且多个国家已采用电梯进行疏散，因此将电梯选用为深层地下空间主要的疏散设施之一。

深层地下空间基础疏散模型共 3 个出口，因此每个出口的疏散人数为 5546 人。考虑到 5546 人不会同时停留在垂直疏散体内部，而经预模拟可知，垂直疏散体内部停留人数约 2000 人，因此本节中人员参数选取 2000 人进行模拟，比较符合某一时刻垂直疏散体内部实际人员的数量。场景中的疏散人数为 2000 人，由于我国《建筑设计防火规范》GB 50016 中要求，避难层（间）的净面积应能满足设计避难人数避难的要求，并宜按 5.0人 /m^2 计算。因此人员停留的区域面积不应低于这一标准。本节中的底层区域面积设为25m×25m（施工竖井常用尺寸），共 625m^2。

将地下空间疏散设置 30m、50m、100m 三类深度，每类深度下分别模拟在该深度下楼梯、扶梯、电梯的疏散能力（图 4.15）。其中：

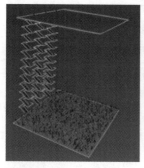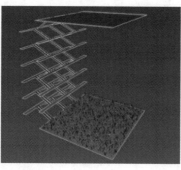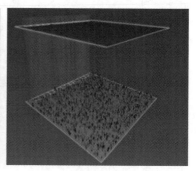

图 4.15 楼梯、自动扶梯、电梯场景模拟图
图片来源：作者自绘

①楼梯：模拟中设置 3 部通行宽度 2m 的楼梯进行疏散。

②自动扶梯：模拟中设置 6 部 1m 宽的自动扶梯进行疏散，并对自动扶梯中人员在自动扶梯上走动以及站立在自动扶梯上不走动两种行为进行模拟。

③电梯：模拟中设置 12 部承载人数为 20 人的电梯进行疏散，电梯的疏散速度分为常见的 2.5m/s 的中速电梯以及 6m/s 的高速电梯。

1）深层地下空间 30m 的软件模拟结果

①楼梯组

地下 30m 疏散模拟中，楼梯上行疏散至安全地点的时间为 964s，650s 时底层人员已全部进入楼梯，最后一位疏散者在楼梯内上行时间约为 314s。

②自动扶梯组

不考虑人员行走：地下 30m 疏散模拟中，自动扶梯上行疏散至安全地点的时间为 785s，400s 时底层人员已全部进入自动扶梯，最后一位疏散者在自动扶梯内上行时间约为 385s。

考虑人员行走：地下 30m 疏散模拟中，自动扶梯上行疏散至安全地点的时间为 727s，380s 时底层人员已全部进入自动扶梯，最后一位疏散者在自动扶梯内上行时间约为 347s。

③电梯组

速度为 2.5m/s 的电梯：地下 30m 疏散模拟中，电梯疏散至安全地点的时间为 871s，经大约 9 次运输将所有人员疏散至安全区域。

速度为 6m/s 的电梯：地下 30m 疏散模拟中，电梯疏散至安全地点的时间为 770s，经大约 9 次运输将所有人员疏散至安全区域。

2）深层地下空间 50m 的软件模拟结果

①楼梯组

地下 50m 疏散模拟中，楼梯上行疏散至安全地点的时间为 1198s，671s 时底层人员已全部进入楼梯，最后一位疏散者在楼梯内上行时间约为 527s。

②自动扶梯组

不考虑人员行走：地下 50m 疏散模拟中，自动扶梯上行疏散至安全地点的时间为 963s，400s 时底层人员已全部进入自动扶梯，最后一位疏散者在自动扶梯内上行时间约为 563s。

考虑人员行走：地下 50m 疏散模拟中，自动扶梯上行疏散至安全地点的时间为 898s，385s 时底层人员已全部进入自动扶梯，最后一位疏散者在自动扶梯内上行时间约为 513s。

③电梯组

速度为 2.5m/s 的电梯：地下 50m 疏散模拟中，电梯上行疏散至安全地点的时间为 1053s。

速度为 6m/s 的电梯：地下 50m 疏散模拟中，电梯上行疏散至安全地点的时间为 890s。

3）深层地下空间 100m 的软件模拟结果

①楼梯组

地下 100m 疏散模拟中，楼梯上行疏散至安全地点的时间为 1998s，750s 时底层人员已全部进入楼梯，最后一位疏散者在楼梯内上行时间约为 1248s。

②自动扶梯组

不考虑人员行走：地下 100m 疏散模拟中，自动扶梯上行疏散至安全地点的时间为 1369s，395s 时底层人员已全部进入自动扶梯，由于扶梯入口处的拥堵，最后一位疏散者在自动扶梯内上行时间约为 974s。

考虑人员行走：地下 100m 疏散模拟中，自动扶梯上行疏散至安全地点的时间为 1217s，380s 时底层人员已全部进入自动扶梯，由于扶梯入口处的拥堵，最后一位疏散者在自动扶梯内上行时间约为 837s。

③电梯组

速度为 2.5m/s 的电梯：地下 100m 疏散模拟中，电梯上行疏散至安全地点的时间为 1417s。

速度为 6m/s 的电梯：地下 100m 疏散模拟中，电梯上行疏散至安全地点的时间为 1039s。

模拟结果整理成图片与表格，图 4.16 ~ 图 4.18 为各类疏散设施在不同深度下疏散结果的汇总图；表 4.15 为考虑人员拥堵及疲劳下各类疏散设施疏散 2000 人所需时间；表 4.16 为考虑人员拥堵及疲劳下各类疏散设施的通行能力。

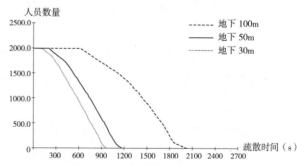

图 4.16　不同深度下楼梯组疏散汇总图
图片来源：作者自绘

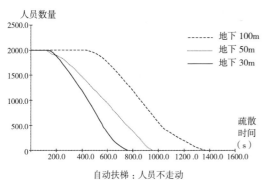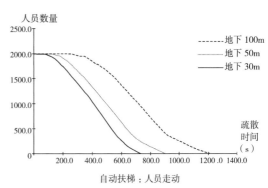

自动扶梯：人员不走动

自动扶梯：人员走动

图 4.17　不同深度下自动扶梯组疏散汇总图
图片来源：作者自绘

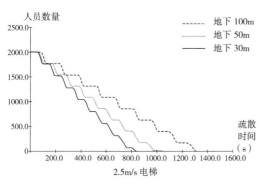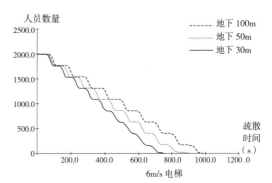

2.5m/s 电梯

6m/s 电梯

图 4.18　不同深度下电梯组疏散汇总图
图片来源：作者自绘

考虑人员拥堵及疲劳下各类竖向疏散设施疏散 2000 人所需时间			表 4.15
	地下 30m（s）	地下 50m（s）	地下 100m（s）
楼梯	964	1198	1998
自动扶梯（不走动）	785	963	1369
自动扶梯（走动）	727	898	1217
电梯（2.5m/s）	871	1053	1417
电梯（6m/s）	770	890	1039

表格来源：作者自绘

考虑人员拥堵及疲劳下各类竖向疏散设施的通行能力 表 4.16

	地下 30m	地下 50m	地下 100m
楼梯	20.7 人 /min·m	16.7 人 /min·m	10.0 人 /min·m
自动扶梯（不走动）	25.5 人 /（min·台）	20.8 人 /（min·台）	14.6 人 /（min·台）
自动扶梯（走动）	27.5 人 /（min·台）	22.3 人 /（min·台）	16.4 人 /（min·台）
电梯（2.5m/s）	11.5 人 /（min·台）	9.5 人 /（min·台）	7.1 人 /（min·台）
电梯（6m/s）	13.0 人 /（min·台）	11.2 人 /（min·台）	9.6 人 /（min·台）

表格来源：作者自绘

对比分析模拟结果，可总结出以下结论：

①自动扶梯中人员的走动对疏散效率影响较小。由于人群拥挤的影响，自动扶梯疏散 30m 高度内的人员无法在自动扶梯自由移动，因此深层地下空间 30m 及 50m 的模拟中，疏散人员的走动并不能明显提高自动扶梯的疏散效率，疏散效率提升不足 10%，这与日常观察到的人们乘坐自动扶梯的现象较吻合。而在地下空间 100m 的疏散中，可以从 Pathfinder 模拟中观察到自动扶梯疏散后半段人员的拥挤现象已经不明显，人员可以自由走动，因此自动扶梯上人员走动比人员不走动疏散效率提升了 10% 以上。但是无论是 30m、50m 还是 100m 的深层地下空间中，自动扶梯中人员的走动行为对疏散效率影响较小。

②随着深度的增加，电梯疏散的优势越发凸显（表 4.17）。以地下 30m 疏散为基准，计算地下 50m 及 100m 各类疏散设施通行能力与地下 30m 疏散设施通行能力的减少量，选择较为合适的疏散设施。

地下 50m、100m 中的各类竖向疏散设施通行能力 表 4.17

	地下 50m	地下 100m
楼梯	19.3%	51.7%
自动扶梯（不走动）	18.4%	42.7%
自动扶梯（走动）	18.9%	40.4%
电梯（2.5m/s）	17.4%	38.3%
电梯（6m/s）	13.9%	26.2%

表格来源：作者自绘

从表中可知地下 50m 与地下 30m 相比，各类疏散设施通行能力减少量较为接近，而在地下 100m 的深层地下空间，运行速度为 6m/s 的电梯通行能力减少量明显低于楼梯与自动扶梯，可知随着深度的增加，电梯疏散的优势越发凸显。根据前文数据，地下 100 的深层地下空间楼梯通行能力为 10.0 人 /min·m，运行速度为 6m/s 的电梯通行能力为 9.6

人／（min·台）。在数值上两者较为接近，即一台电梯的疏散能力可比肩宽度为 1m 的楼梯的疏散能力，因此可考虑 100m 的深层地下空间中增设运行速度为 6m/s 的电梯疏散作为竖向疏散设施。而自动扶梯在地下 100m 的深层地下空间通行能力为 16.4 人／（min·台），较楼梯也有明显的优势，因此 100m 的深层地下空间中自动扶梯也是一种较优选择。

地下 30m 的深层地下空间疏散中采用 6m/s 的电梯疏散经济性较低，此深度下，运行速度为 2.5m/s 的电梯其通行能力与 6m/s 的电梯的通行能力较为接近，可设置部分 2.5m/s 的电梯供残疾人疏散。深度为 30m 和 50m 的地下空间中楼梯及扶梯通行能力都较好，可优先设置楼梯及自动扶梯，而考虑到日常使用中 50m 地下人们选择楼梯的意愿较低，且地下 50m 中楼梯上行疏散疲劳影响较大，因此深层地下空间 50m 疏散可增设自动扶梯提高疏散效率。而 100m 的深层地下空间中，6m/s 的电梯的高速电梯占地面积小，行人通行能力高，因此建议在地下空间 100m 的建筑中增加适量 6m/s 的高速电梯进行疏散。

4.3.3　一级竖向疏散设施配置模拟

本节在研究不同深度下疏散设施选用的基础上，探究不同深度下垂直疏散体中一级竖向疏散设施的数量配置。本节参照最不利疏散人数，即地下防灾建筑 16636 人的人数指标进行仿真模拟。深层地下空间疏散模型中共有 3 个出口，因此每个出口的疏散人数为 5546 人。

经专家咨询，竖井开挖尺寸一般不超过 30m，且国内有工程实例[84]，因此模型中放置一级竖向疏散设施的垂直疏散体设置在 30m 的范围内。按照工程施工做法，竖井底部空间不宜随意扩大。为保障深层地下空间疏散人员在垂直疏散体中的密度不过高，且保障疏散人员能顺利进入垂直疏散体（图 4.19），需设立适宜数量的竖向疏散设施保障疏散的畅通，防止因拥堵产生的次生灾害。

一级竖向疏散设施的参数参考规范及第三章中的实地调研，如表 4.18 所示，为方便模拟，垂直疏散体内由竖向疏散设施未参照前文的平面布置，且尽量布置在一侧。

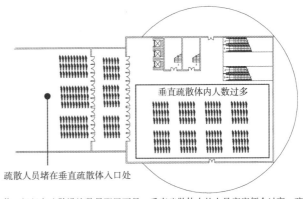

疏散人员堵在垂直疏散体入口处

若一级竖向疏散设施数量配置不足，垂直疏散体中的人员密度便会过高，疏散人员就无法畅通地进入垂直疏散体

图 4.19　垂直疏散体附近人员拥堵示意图
图片来源：作者自绘

	楼梯	自动扶梯	电梯
疏散设施参数	楼梯宽度为2m，踏步选取为宽度0.27m、高度0.165m	自动扶梯运行速度为0.65m/s，设置为人员可在自动扶梯行走	电梯运行速度为两类：一类为用于30m、50m地下空间、运行速度为2.5m/s的中速电梯；另一类为用于100m地下空间、运行速度6m/s的高速电梯。电梯承载量均为20人

表格来源：作者自绘

1）深层地下空间 30m 一级竖向疏散设施疏散模拟

根据前文模拟实验，30m 组深层地下空间中楼梯及自动扶梯通行能力都较好，可优先设置楼梯及自动扶梯，同时设置部分 2.5m/s 的电梯供残障人员疏散。由于大部分建筑的火灾疏散中采用2部楼梯疏散的模式，第3章调研的地铁出入口中,每部楼梯一般配有1～2部自动扶梯，因此 30m 组先采用 2 部楼梯、4 部自动扶梯进行模拟。

①工况一：2 部楼梯、4 部自动扶梯、2 部疏散电梯

在每个垂直疏散体中设立 2 部楼梯、4 部自动扶梯、2 部疏散电梯的情况下，模型中所有人员从硐室疏散至地面安全出口所用时间为 1180s，从 280s 左右开始疏散人员无法畅通地进入垂直疏散体,582s 时拥堵结束,拥堵期间垂直疏散体内部疏散人员达到2502人（图4.20），图中黄虚线与 x 轴平行部分代表垂直疏散体内人数过多，疏散人员拥堵于垂直疏散体入口处。因竖向疏散设施不能满足疏散需求，垂直疏散体内部疏散人员过多导致水平疏散通道内的人员无法畅通地进入垂直疏散体，见图 4.21。图为垂直疏散体及其周边水平疏散通道人群密度热力图，以垂直疏散体入口处开始拥堵和堵点消失作为关键时间节点。

工况一中，垂直疏散体中设立 2 部楼梯、4 部自动扶梯、2 部疏散电梯的情况下，280s 后疏散人员因垂直疏散体内密度过高而无法畅通地进入垂直疏散体，必须拥堵在水

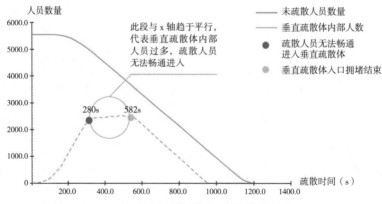

图 4.20　深地 30m 工况一中一级竖向疏散设施人员数量随时间变化图
图片来源：作者自绘

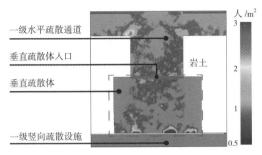

一级水平疏散通道

垂直疏散体入口

垀土

垂直疏散体

一级竖向疏散设施

130s，一级疏散设施附近开始拥堵

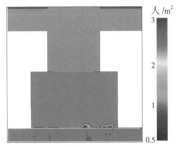

320s，垂直疏散体内因人数过多，疏散人员挤出垂直疏散体，垂直疏散体入口产生拥堵

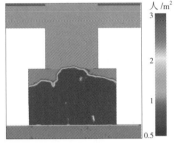

582s，垂直疏散体入口处堵点消失，人群全部进入垂直疏散体

950s，疏散人员全部进入一级竖向疏散设施

图 4.21　深地 30m 工况一中疏散人员在垂直疏散体附近的拥堵热力图
图片来源：作者自绘

平通道处，因此需要增加一级竖向疏散设施以缓解拥堵现象。

②工况二：3 部楼梯、4 部自动扶梯、2 部疏散电梯

从 330s 左右开始疏散人员无法畅通地进入垂直疏散体，500s 时拥堵结束（图 4.22），无法满足疏散需求。

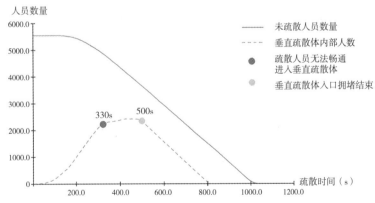

图 4.22　深地 30m 工况二中一级竖向疏散设施人员数量随时间变化图
图片来源：作者自绘

③工况三：4部楼梯、4部自动扶梯、2部疏散电梯

垂直疏散体入口处从400s左右开始拥堵，410s时拥堵结束（图4.23）。人群密度热力图如图4.24，竖向疏散设施配置基本满足疏散要求。

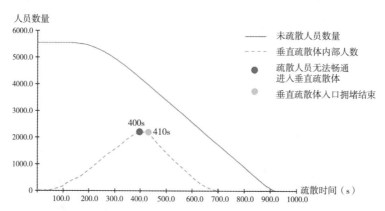

图4.23　深地30m工况三中一级竖向疏散设施人员数量随时间变化图
图片来源：作者自绘

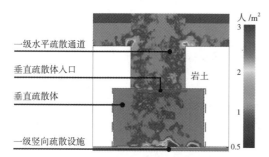

134s，一级疏散设施附近开始拥堵

400s，垂直疏散体内因人数过多，疏散人员挤出垂直疏散体，垂直疏散体入口产生拥堵

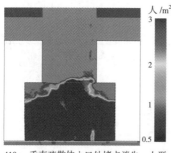

410s，垂直疏散体入口处堵点消失，人群全部进入垂直疏散体

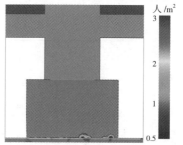

700s，疏散人员全部进入一级竖向疏散设施

图4.24　深地30m工况三中疏散人员在垂直疏散体附近的拥堵热力图
图片来源：作者自绘

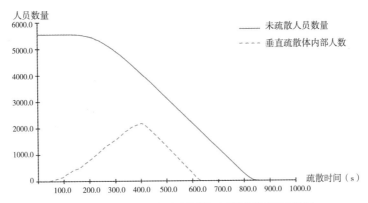

图 4.25 深地 30m 工况四中一级竖向疏散设施人员数量随时间变化图
图片来源：作者自绘

④工况四：5 部楼梯、4 部自动扶梯、2 部疏散电梯

工况四中未产生拥堵，竖向疏散设施满足疏散要求（图 4.25）。

2）深层地下空间 50m 一级竖向疏散设施疏散模拟

深层地下空间 50m 模拟过程同地下 30m，故只展示符合疏散条件的工况，即 4 部楼梯、6 部自动扶梯、2 部疏散电梯。该疏散设施配置下，能满足疏散需求。

模型中所有人员从硐室疏散至地面安全出口所用时间为 980s，垂直疏散体内部疏散人员最多达到 2042 人（图 4.26）。疏散人员不会因垂直疏散体内疏散人员过多而无法进入，竖向疏散设施能够满足疏散需求。图 4.27 为垂直疏散体及其周边水平疏散通道关键时间节点人群密度热力图。

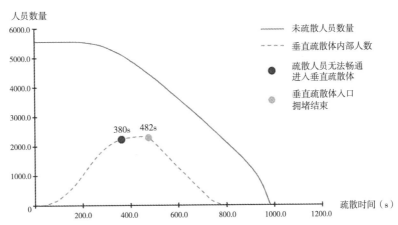

图 4.26 深地 50m 一级竖向疏散设施人员数量随时间变化图
图片来源：作者自绘

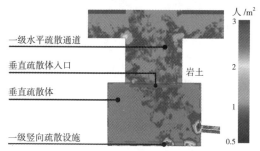

一级水平疏散通道

垂直疏散体入口

垂直疏散体

一级竖向疏散设施

岩土

123s，一级疏散设施附近开始拥堵

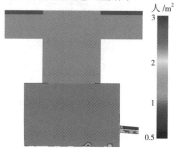

410s 左右，垂直疏散体内人数达到峰值疏散
人员可全部通畅地进入疏散体中

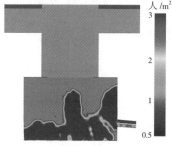

520s，垂直疏散体中人员密度约为400s
时的一半

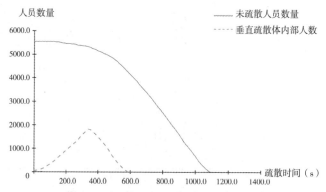

649s，疏散人员全部进入一级竖向疏散设施

图 4.27 深地 50m 疏散人员在垂直疏散体附近的拥堵热力图
图片来源：作者自绘

3）深层地下空间 100m 一级竖向疏散设施疏散模拟

深层地下空间 100m 模拟过程同地下 30m，故只展示符合疏散条件的工况，即 4 部楼梯、6 部自动扶梯、6 部疏散电梯。该疏散设施配置下，能满足疏散需求。

4 部楼梯、6 部自动扶梯、2 部疏散电梯条件下，模型中所有人员从硐室疏散至地面安全出口所用时间为 1090s，垂直疏散体内部疏散人员最多达到 1850 人（图 4.28）。

图 4.28 深地 100m 一级竖向疏散设施人员数量随时间变化图
图片来源：作者自绘

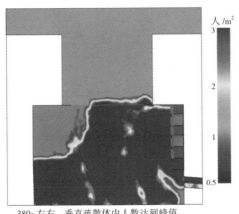
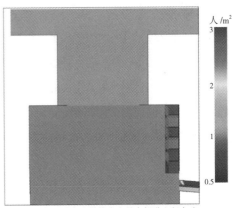

380s 左右，垂直疏散体内人数达到峰值，垂直疏散体入口处未发生拥堵

580s 左右，垂直疏散体内人员全部进入竖向疏散设施

图 4.29　深地 100m 疏散人员在垂直疏散体附近的拥堵热力图
图片来源：作者自绘

疏散人员不会因垂直疏散体内疏散人员过多而无法进入，竖向疏散设施能够满足疏散需求。图 4.29 为垂直疏散体及其周边水平疏散通道关键时间节点人群密度热力图。

根据模拟结果确定各深度下竖向疏散设施配置。

① 30m

30m 的深层地下空间中，建议采用楼梯与自动扶梯作为主要的竖向疏散设施，并配备少量电梯提供残障人员疏散。考虑到建造成本与运行成本，30m 的深层地下空间宜多采用楼梯疏散。30m 深层地下空间中一级竖向疏散设施配置与拥堵时长关系如表 4.19 所示。

深层地下 30m 建筑空间中一级竖向疏散设施配置与拥堵时长汇总表　　　　表 4.19

工况	疏散设施配置	拥堵时间段	拥堵时长	是否满足疏散需求
工况一	2 部楼梯、4 部自动扶梯、2 部疏散电梯（2.5m/s）	280 ～ 582s	302s	不满足
工况二	3 部楼梯、4 部自动扶梯、2 部疏散电梯（2.5m/s）	330 ～ 500s	170s	不满足
工况三	4 部楼梯、4 部自动扶梯、2 部疏散电梯（2.5m/s）	400 ～ 410s	10s	基本满足
工况四	5 部楼梯、4 部自动扶梯、2 部疏散电梯（2.5m/s）	无	无	满足

据模拟结果，地下 30m 的疏散建议采用 4 ～ 5 部楼梯、4 部自动扶梯、2 部疏散电梯的组合。同时应按照《建筑设计防火规范》GB 50016 的规定，单独设置消防电梯。深层地下空间 30m 的一级竖向疏散设施配置平面图如图 4.30 所示。

② 50m

50m 的深层地下空间中，建议楼梯与自动扶梯为主要的疏散设施，并配备少量设施提供残障人员疏散。考虑到 50m 楼梯上行疏散过程易因疲劳产生减速及拥堵，50m 的深层地下空间宜多采用自动扶梯疏散。

据模拟结果，深层地下 50m 的空间中建议采用 4 部楼梯、6 部自动扶梯、2 部疏散电梯的组合。同时应按照《建筑设计防火规范》GB 50016 的规定，单独设置消防电梯，分析得出深层地下空间 50m 的一级竖向疏散设施配置平面图如图 4.31 所示。

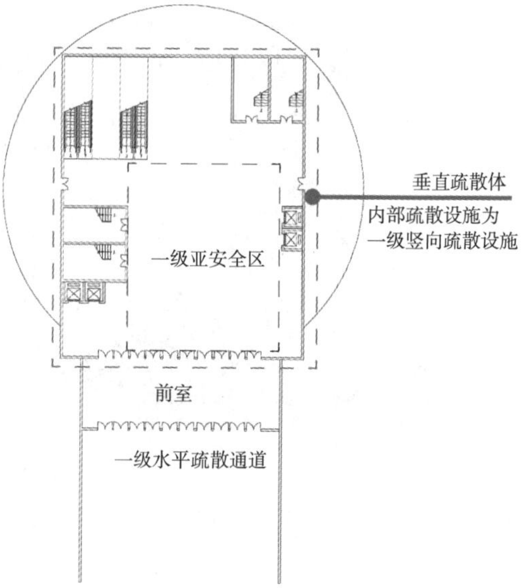

③ 100m

100m 的深层地下空间中，建议 6m/s 的电梯和自动扶梯为主要的疏散设施。

据模拟结果，深层地下 100m 的疏散建议采用 4 部楼梯、6 部自动扶梯、6 部运行速度为 6m/s 的高速疏散电梯的组合。同时应按照《建筑设计防火规范》GB 50016 的规定，单独设置消防电梯，分析可得深层地下空间 100m 的一级竖向疏散设施配置平面图如图 4.32 所示。

图 4.30 地下空间 30m 的一级竖向疏散设施配置平面图
图片来源：作者自绘

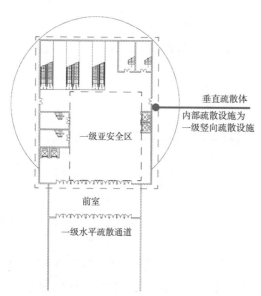

图 4.31 地下空间 50m 的一级竖向疏散设施配置平面图
图片来源：作者自绘

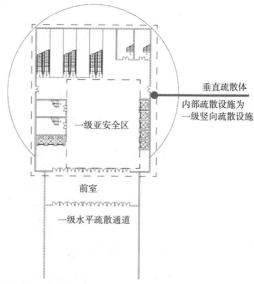

图 4.32 地下空间 100m 的一级竖向疏散设施配置平面图
图片来源：作者自绘

4.4 亚安全区设置及其分级验证

4.4.1 亚安全区分布位置对疏散的影响

在不同等级的亚安全区位置分布问题中,基于深层地下空间分阶段疏散的特征,一级亚安全区所在位置必须连接着与地面直接相接的一级垂直疏散体,因此,关于一级亚安全区的位置分布问题是在已确定的节点上探讨一级亚安全区与垂直疏散设施之间的位置关系。二级亚安全区处于各水平通道与二级垂直疏散体的交会处,由于与之连接水平通道具有不同等级,因此二级亚安全区的位置问题是与不同等级的水平通道之间的连接关系。三级亚安全区的位置位于硐室与水平通道之间,兼作硐室防烟前室,其位置已得到确定,主要是通过加强安全保障措施来提高三级亚安全区的安全性,因此此处不再讨论三级亚安全区的分布位置问题。

1)一级亚安全区位置

一级亚安全区位置位于一级水平通道与一级竖向疏散设施的交会处,作为疏散过程中的最后一个阶段(即将人员疏散至地面安全区域),一级亚安全区的功能与高层建筑中的核心筒功能具有相似性。因此,参考高层建筑中核心筒的布置方式,以此探讨亚安全区与疏散设施两者之间的位置布置关系。

在高层建筑中,核心筒与其他空间联系的位置布置方式可分为三类(表 4.20),分别是中心式、偏置式和周边式[85],依照此三类布置方式,构建一级亚安全区和一级竖向疏散设施的位置布置方案(图 4.33)。

核心筒与其他空间的位置分布关系方式　　　　　　　　　表 4.20

类型	图示
中心式	
偏置式	

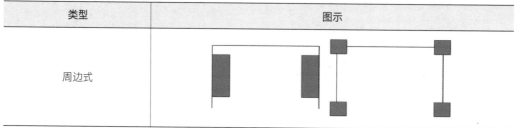

类型	图示
周边式	

表格来源：作者自绘

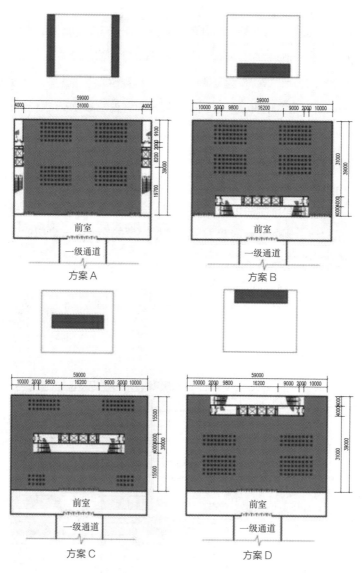

图 4.33　一级亚安全区与一级竖向疏散设施连接关系布置方案
图片来源：作者自绘

在疏散模型中，竖向疏散设施方面，《建筑设计防火规范》GB 50016 中依据防火分区来规定安全出口数量，美国《国际建筑规范》根据疏散人数来确定楼梯数量，且当高度大于 128m 时还应增设电梯或额外楼梯用以辅助疏散，结合人防地下工程中的相关方案设计，统一设置 2 个楼梯，每个楼梯通行宽 2000mm，同时结合 4 台电梯和 4 台扶梯进行疏散。在行为方面，设置 50% 人员直接进入楼梯间，而另外 50% 人员需要在进入亚安全区后进行停留休息，之后再进入楼梯间，停留时间设置为 2min[86]。疏散总人数设置为 16636 人，一级亚安全区服务人数在模拟中取平均数，即一个一级竖向疏散设施服务疏散人数为 5546 人，根据疏散网络中人员疏散情况，人员初始位置被设置于交通体前室。

四个场景中，火灾发生后人群从前室进入一级亚安全区，而后进入楼梯间进行疏散。对比模拟疏散过程中人群疏散效果（表 4.21），方案 A 的疏散设施被放置于亚安全区两侧，人群从前室进入亚安全区，之后再分散至两侧楼梯间进行疏散，人群全部进入楼梯间完成疏散的总用时为 402.8s。方案 B 楼梯间被放置于贴近前室与亚安全区交界处，人群从前室两端分别进入亚安全区，并从相应楼梯间疏散，人群全部进入楼梯间完成疏散的总用时为 578s。方案 D 的亚安全区被放置于前室与楼梯间之间，人群进入亚安全区之后，穿过亚安全区进入楼梯间进行疏散，人群全部进入楼梯间完成疏散的总用时为 472.3s；疏散过程中，选择直接进入楼梯间进行疏散的人群会与在亚安全区中休息的人员产生一定的交叉，同时由于需要穿过整个亚安全区，其疏散路径较长，因此疏散用时相较于方案 B 而言更长。方案 C 中亚安全区包围着疏散设施，人群根据不同需求会进入不同的亚安全区位置进行休息或疏散，总疏散时长为 568s。与方案 B 类似的，方案 C 的楼梯间靠近亚安全区入口，同时休息后的人群反向进入楼梯间，在入口区域会产生较大拥挤现象，因此疏散时间较长。

一级亚安全区位置方案疏散过程对比 表 4.21

疏散用时及对应疏散状况			
100s	200s	300s	400s

（表格左侧标注："方案 A"）

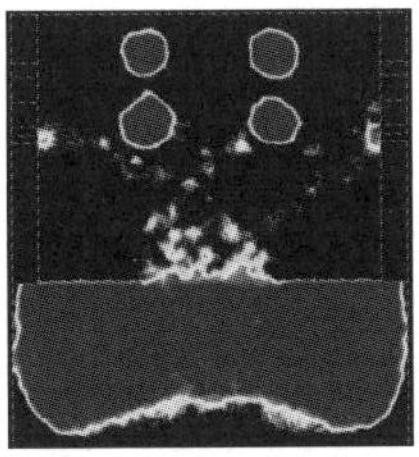

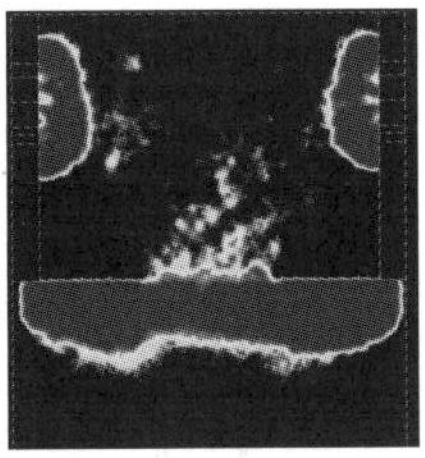

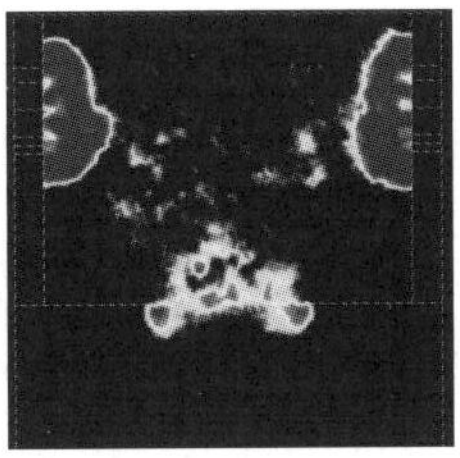

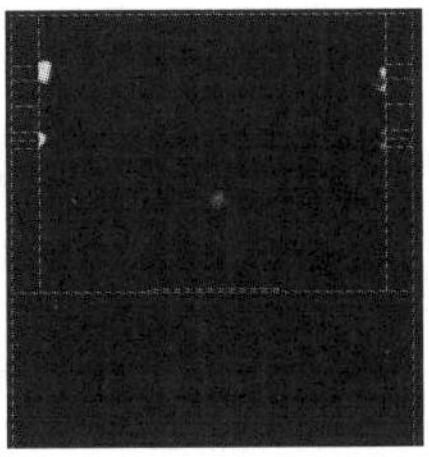

疏散用时及对应疏散状况			
100s	200s	300s	400s

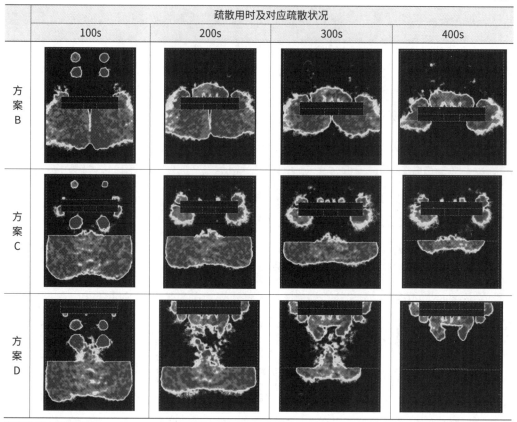

表格来源：作者自绘

对比四个方案中人员全部离开前室的时间（图 4.34），方案 B 和方案 C 由于会在入口处产生较大拥挤，使得人员在疏散过程中既无法顺利进入楼梯间，同时位于前室的人员也无法顺利进入相对安全的亚安全区内，这极大影响了人群的疏散安全性。而方案 A 和方案 D 由于疏散设施离亚安全区入口相对较远，因此人群能够较为顺利地进入亚安全区内部，但方案 D 的人群从前室移动至楼梯间的疏散路径是最长的，这在一定程度上影响了疏散效率。相比于其他三个方案而言，方案 A 拥有适宜的疏散路径长度，同时需求不同的人群不会发生流线交叉的情况，且不会在亚安全区入口处产生拥挤；此外，亚安全区空间相对完整，对休息区也能进行相对灵活的划分。因此，方案 A 中将亚安全区放置于疏散设施中间的布局方式是较为适宜的。

2）二级亚安全区位置

二级亚安全区位于横向通道（四级水平通道）与二、三级水平通道的交会处，是二

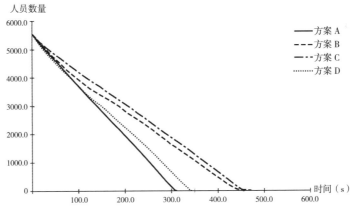

图 4.34　不同一级亚安全区位置方案中人员离开前室时间
图片来源：作者自绘

级竖向疏散设施和水平通道之间的缓冲区，可使通道中的疏散人员能够快速进入相对安全区域内，同时为部分有需求的疏散人员提供休息空间。基于水平通道等级的不同，通道中移动的人群数量也不一样，二级亚安全区与横向通道楼梯间的位置（图 4.35）也将影响着人群的疏散路线与效率。依据《铁路隧道防灾救援疏散工程设计规范》TB 10020，将横向通道楼梯间通行宽度设置为 2m，楼梯以每百人 1 m 的疏散宽度，设置较高等级的通道 125 人，次要通道 75 人，人员初始位置被设置于各通道内，并进行随机分布。

　　模拟场景中，发生火灾后部分硐室人员会优先选择水平方向疏散，在进入水平通道后，利用二级竖向疏散设施向下进行疏散。对模拟结果（表 4.22）进行对比，方案 A 的二级竖向疏散设施及其二级亚安全区被放置于靠近三级水平通道，且开口朝向三级水平通道，道路上的人员全部进入横向通道楼梯间的总用时为 123.3s，其中人员全部进入二级亚安

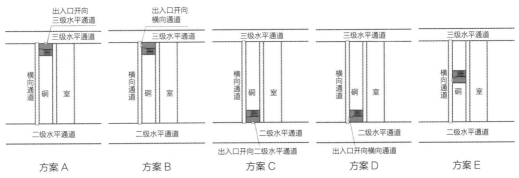

图 4.35　二级亚安全区不同位置工况设置
图片来源：作者自绘

全区（即人员全部离开横向通道）用时为 119s。方案 B 的二级竖向疏散设施也靠近三级水平通道，但入口开向横向通道，人群进入楼梯间总用时 125.5s，其中人群进入二级亚安全区用时 120s。与方案 A 类似的，方案 B 在通道中移动的人数较多，且当开口朝向较为狭窄的横向通道时，人员更易拥堵，且其开口位置较为隐蔽，这对人员的路线识别也会产生影响。方案 C 和方案 D 的二级竖向疏散设施、二级水平通道，开口位置分别朝向二级水平通道和横向通道，人员疏散总时间分别为 120.3s 和 123.3s，二级水平通道中需要利用横向通道进行疏散的人数较少，因此用时相对较短。而方案 E 被放置于二级水平通道

二级亚安全区位置方案模拟结果

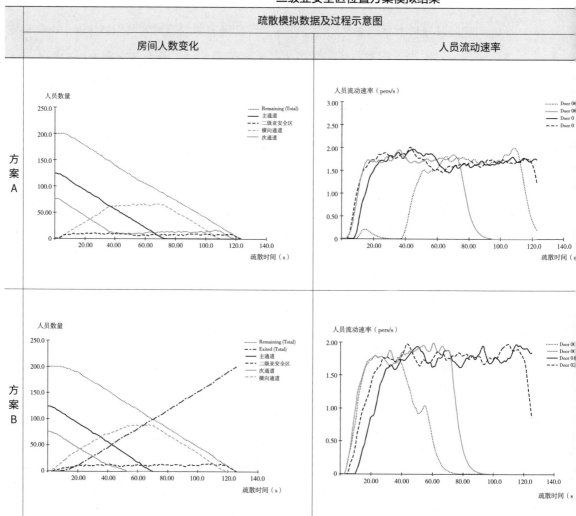

和三级水平通道之间，向横向通道开口，疏散总用时为 132.8s，所有道路的人群均需要利用横向通道进行疏散，当人群全部聚集在横向通道内，会形成较大的拥挤现象，因此用时最长。

因此，横向通道中二级亚安全区及其楼梯间在遵循相关规范的间距要求下，同等情况下应当优先被放置于等级较高的水平通道一侧，同时其开口方向也应朝向该侧通道，从而在保障疏散安全的同时，提高人员对出口位置的可识别性。

表4.22

15s	60s

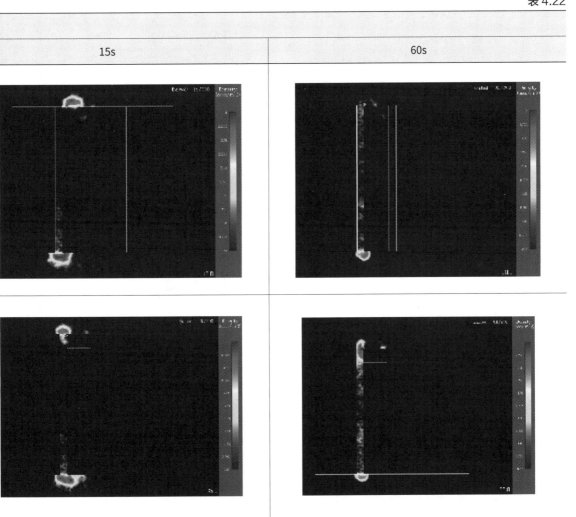

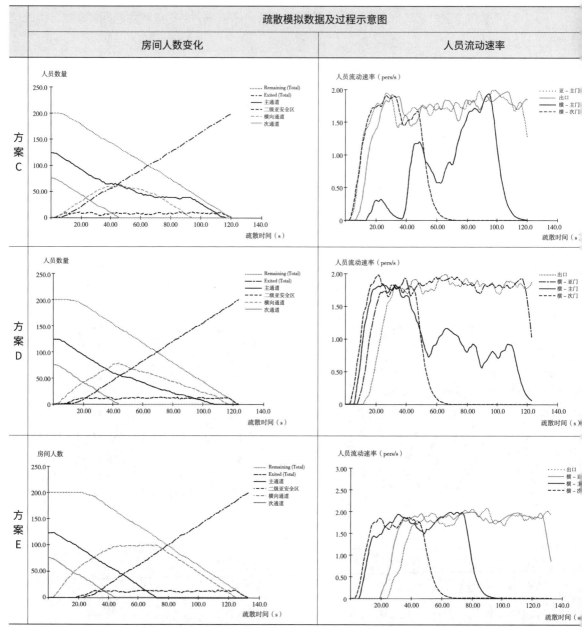

表格来源：作者自绘

4.4.2 亚安全区面积对疏散的影响

　　针对亚安全区的面积规定，可参考各类资料中对避难场所的人员密度限定指标（表4.23）。
在人员移动的参数中，John J 所著 *Pedestrian planning and design* 中则认为当人员密度控

15s	60s

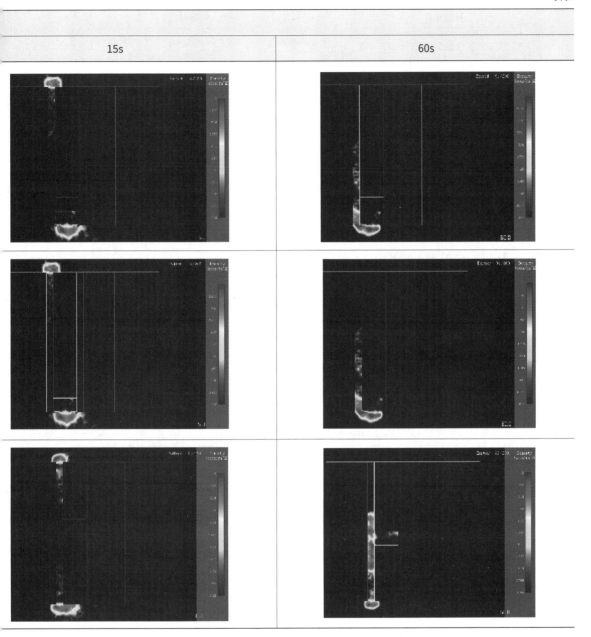

制在 0.43 ~ 0.71 人 /m² 时，人群移动会受到一定限制，但可以对移动方向进行调整从而避免碰撞；Nelson 指出当人员密度超过 3.8 人 /m² 时，人员将因为拥挤而无法移动 [87]。因此，在亚安全区面积设置方面，需要根据不同疏散需求和亚安全区功能来选择适宜密度。

各资料中对避难空间人员密度限定指标　　　　　　　　　表 4.23

来源	指标
《建筑设计防火规范》GB 50016	高层建筑的避难层净面积宜按照 5 人 /m² (0.2m²/ 人) 进行计算
《铁路隧道防灾救援疏散工程设计规范》TB 10020	避难所中待避人均面积以 0.5m²/ 人进行考虑
《人民防空地下室设计规范》GB 50038	人员掩蔽工程的面积为 1 人 /m²
《煤炭工业矿井设计规范》GB 50215	永久避难硐室面积不低于 1.0m²/ 人
南非 *Directive B5*	避难硐室中的人均使用面积为 0.6m²/ 人
美国 *Refuge Alternative for Underground Coal Mines Final Rule*	救生舱需要为每个人提供的面积至少为 1.4m²

表格来源：作者自绘

1）一级亚安全区面积设置

①一级亚安全区人员密度设置

一级亚安全区包含缓解人员汇流所产生的拥挤、提供人群暂时停留休息以及等候疏散设施的功能。参考上述指标，密度分别选择 0.2m²/ 人、0.4m²/ 人、0.5m²/ 人、0.6m²/ 人、0.8m²/ 人及 1m²/ 人进行分析，各类工况中亚安全区面积扩大的情况下其平面宽度与长度比值不变，疏散人员起始位置位于亚安全区前室且均匀分布，人员疏散行为设置同前节（表 4.24）。

一级亚安全区面积工况设置数据表　　　　　　　　　表 4.24

	人员密度（m²/ 人）	一级亚安全区面积（m²）	疏散人数（人）
方案 A	0.2	1109.2	5546
方案 B	0.4	2218.4	5546
方案 C	0.5	2773	5546
方案 D	0.6	3327.6	5546
方案 E	0.8	4436.8	5546
方案 F	1	5546	5546

表格来源：作者自绘

通过对比疏散用时（表 4.25），当人员密度为 0.5m²/ 人时，其总疏散用时及离开前室用时均最短。对比整体疏散过程（表 4.26），当人员密度为 0.2m²/ 人时，人员拥挤程度较为严重，同时由于面积较小，在亚安全区休息及等候疏散设施的人员会占据大部分空间，从而影响后续人员进入亚安全区，因此该方案中所有人员离开前室总用时最长。而当一级亚安全区面积扩大后，各类用时有所浮动，同时其人员疏散过程情况变化不明显。

一级亚安全区不同人员密度工况下疏散用时对比 表 4.25

	方案 A	方案 B	方案 C	方案 D	方案 E	方案 F
疏散总用时	397s	401.5s	388s	391s	403.5s	408.5s
离开前室用时	308s	218s	215s	226s	223s	218s

表格来源：作者自绘

一级亚安全区不同人员密度工况下疏散过程对比 表 4.26

	疏散用时及对应疏散状况			
	150s	200s	250s	300s
方案 A				
方案 B				
方案 C				
方案 D				

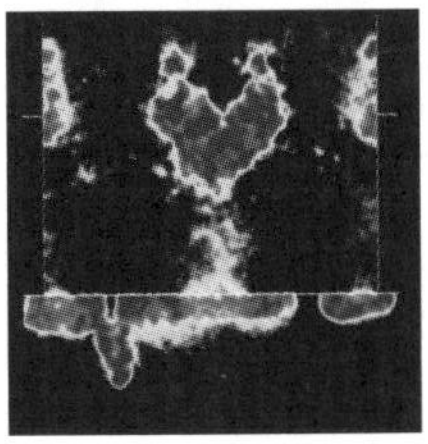

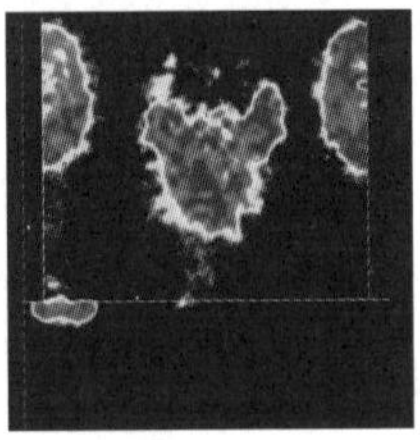

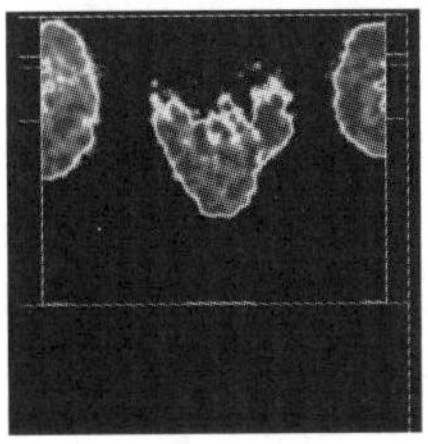

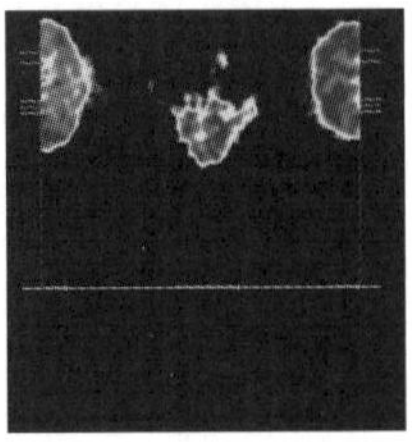

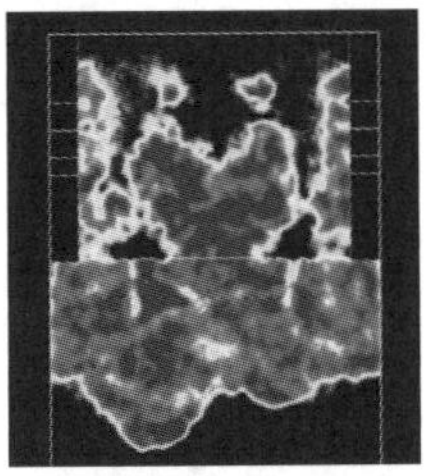

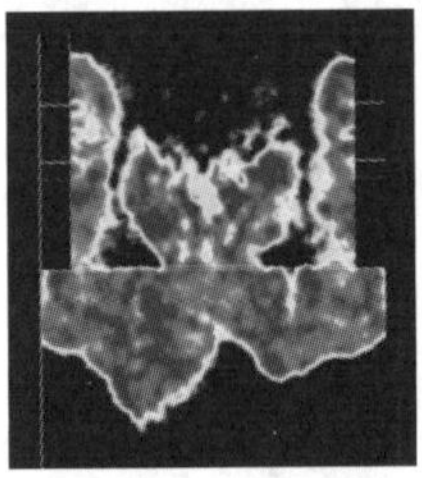

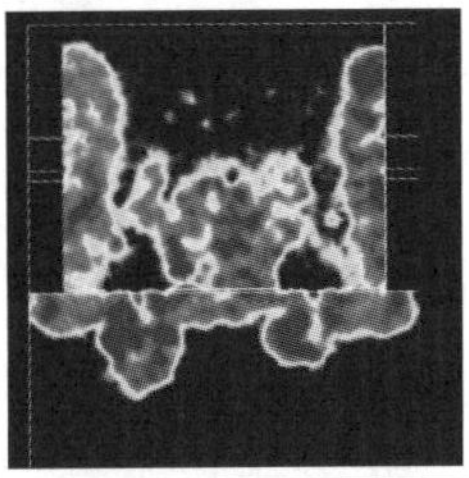

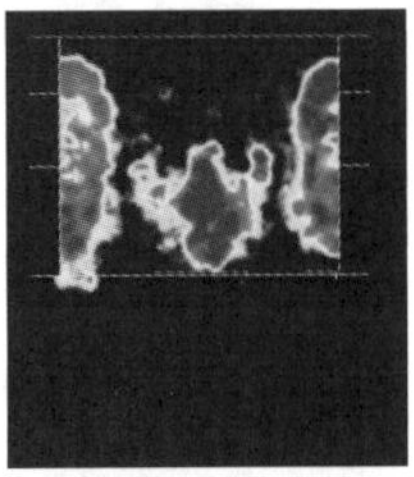

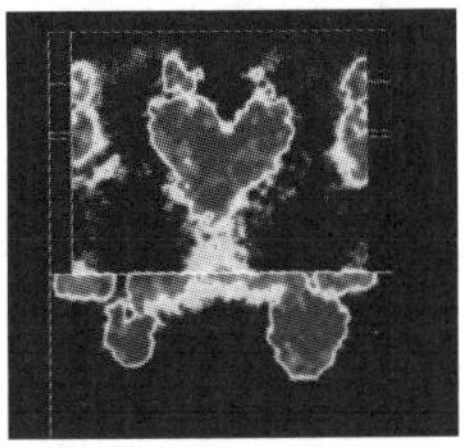

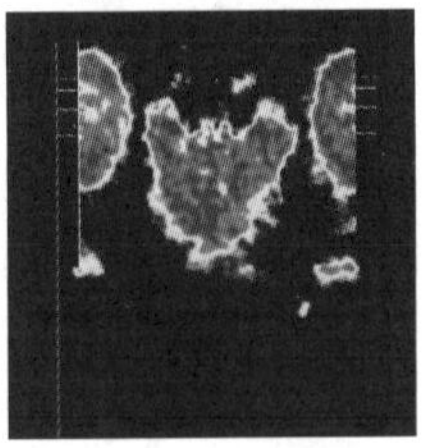

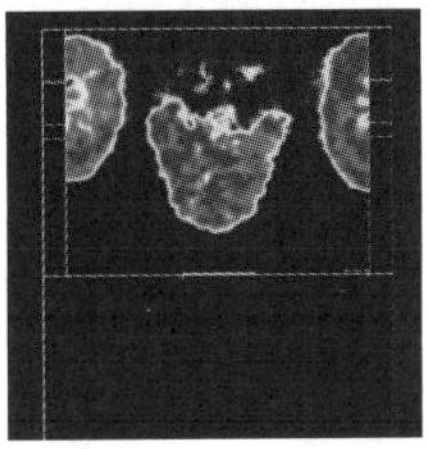

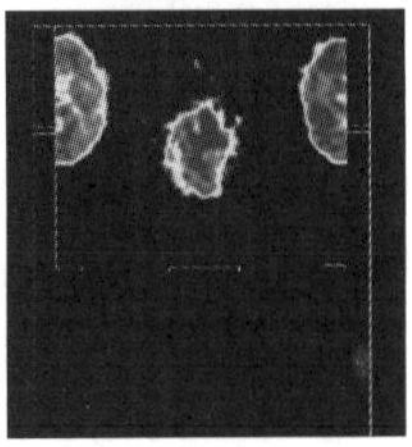

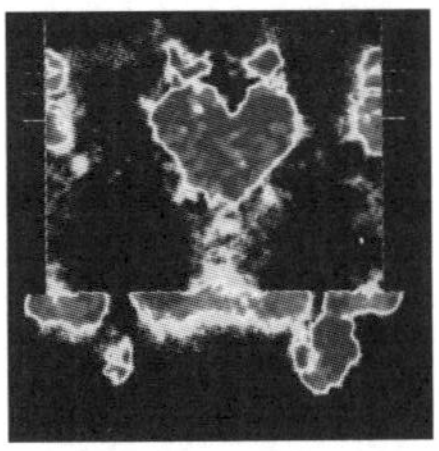

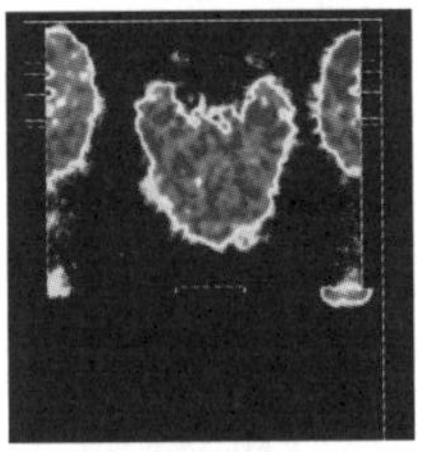

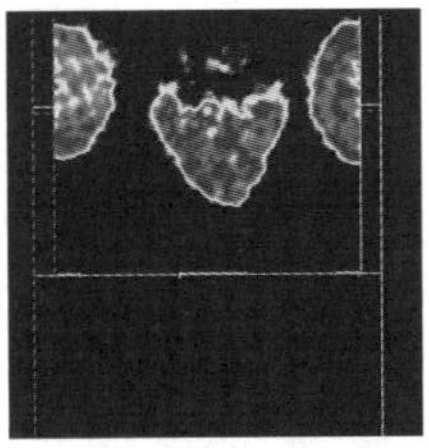

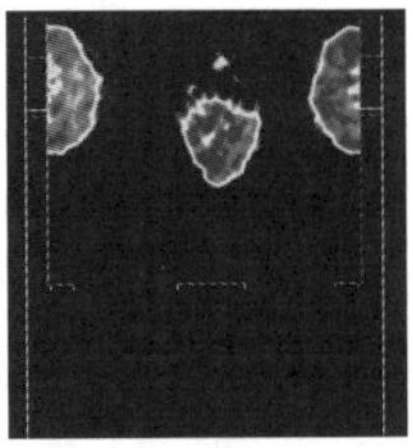

疏散用时及对应疏散状况			
150s	200s	250s	300s

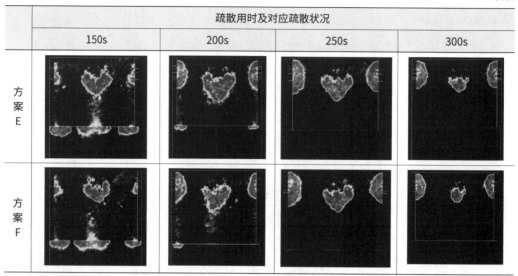

表格来源：作者自绘

对比一级亚安全区人员变化（图4.36），相对时间内停留人数最多的为方案F，在保持人员不断疏散至地面的过程中，其一级亚安全区内人数最高为3579人，此时人员密度为1.55m²/人；停留人数最低的为方案A，人数为1795人，此时人员密度为0.62m²/人。二者与0.5m²/人取值之间均存在一定富余。而在方案C中，其人员密度最高时为0.87m²/人，由于模拟过程未考虑疏散设施运作所带来的人员等待问题，因此该数值在实际疏散过程中应更低。在保证疏散设施正常运转时，疏散过程中一级亚安全区人员密度远远高于

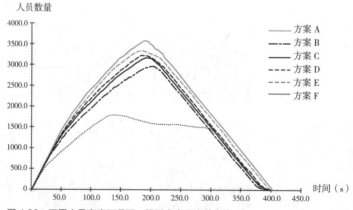

图4.36 不同人员密度工况下一级亚安全区人数变化
图片来源：作者自绘

0.5m²/ 人的规范指标，考虑到人员移动难易程度以及建造经济性问题，将 0.4 ~ 0.6m²/ 人的人员密度取值作为一级亚安全区的面积计算指标基础，能够满足短时间人员避难需求。

②一级亚安全区尺寸设置

在人员密度保持在 0.5m²/ 人左右浮动的基础上，通过调整一级亚安全区长度与宽度来探讨亚安全区尺寸变化对整体人员疏散效果的影响（表 4.27）。

一级亚安全区尺寸工况设置数据表   表 4.27

	尺寸（mm）	面积（m²）	人员密度（m²/ 人）	疏散人数（人）
方案 A	47500×58000	2755	0.497	5546
方案 B	47500×63000	2992.5	0.54	5546
方案 C	47500×66000	3135	0.565	5546
方案 D	51000×58000	2958	0.533	5546
方案 E	54000×58000	3132	0.565	5546

表格来源：作者自绘

以组别来看，对比方案 A、方案 B 和方案 C，亚安全区纵向宽度不变，随着长度延长，其疏散总时间和人员离开前室的总用时（表 4.28）有所增加。由于一级亚安全区出入口分布位置相对分散，人员会从不同的横向位置进入亚安全区，因此对疏散路径影响不大。从纵向上来看，对比方案 A、方案 D 和方案 E，亚安全区长度不变，随着纵向宽度变大，其总疏散时间变化不大，但人员离开前室的时间呈现下降的趋势。

一级亚安全区不同尺寸工况下疏散用时对比   表 4.28

	方案 A	方案 B	方案 C	方案 D	方案 E
疏散总用时	387s	411.8s	402.3s	395s	389.5s
离开前室用时	215.3s	221s	216s	211s	204s

表格来源：作者自绘

对比疏散过程（表 4.29），当一级亚安全区纵向适宜扩大后，为人员设置的休息区域会随着宽度变大而逐渐远离出入口，这使得休息的停留人员对进入一级亚安全区的移动人员路径影响越来越小，从而让移动人员能够更加顺利地移动至疏散设施附近，从而提高整体疏散效率。综合对比，一级亚安全区的纵向宽度延长越多，人群离开前室的时间就越短；横向长度过度缩短，则会使得疏散设施和休息区过于接近，导致休息区人员和等待疏散设施人员的疏散路径互相影响，从而影响整体疏散效果，横向长度过度延长时，又会延长人员的疏散路径，从而使得人员的疏散用时变长（图 4.37）。

一级亚安全区不同尺寸工况下疏散过程对比

表 4.29

	疏散用时及对应疏散状况			
	150s	200s	250s	300s

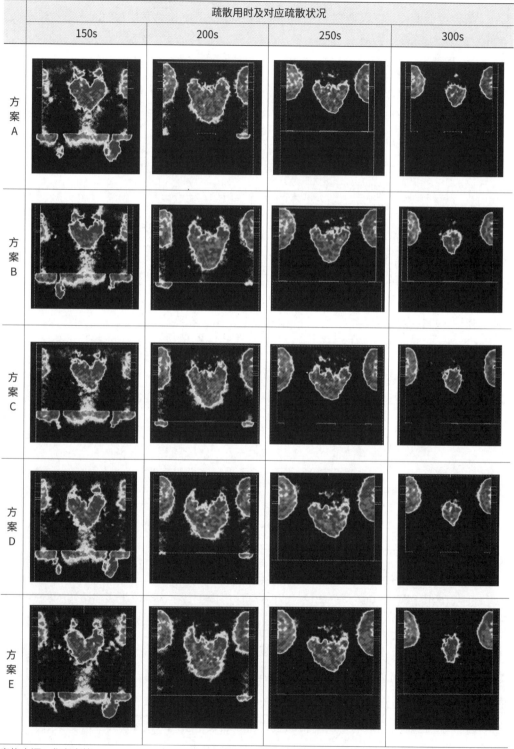

方案 A

方案 B

方案 C

方案 D

方案 E

表格来源：作者自绘

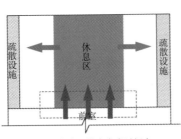
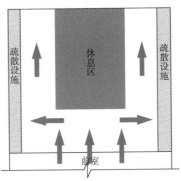

一级亚安全区纵向宽度过短会
造成休息区停留人员拥堵在前室
入口，影响后续人员进入

一级亚安全区纵向宽度适当延
长可减小休息人员对行进人员
的路径影响，提高效率

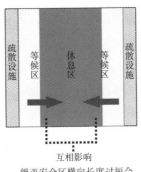
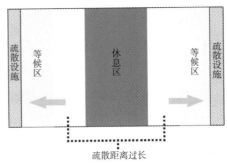

一级亚安全区横向长度过短会
导致疏散设施等候区与休息区
过于靠近，互相影响

一级亚安全区横向长度过长会
延长人员疏散路径，从而延长
总疏散用时

图 4.37　一级亚安全区尺度变化对疏散过程的影响示意图
图片来源：作者自绘

2）二级亚安全区面积设置

　　《公路隧道消防技术规范》DB 43/729 规定隧道中的避难间面积不宜小于 10m^2，而隧道与专用避难通道之间应设置的前室净宽度不应小于 2m、净面积不应小于 10m^2。因此，二级亚安全区面积设置方案如表 4.30 所示。由于受到硐室尺寸限制，在保证二级垂直疏散体和二级亚安全区出入口布置方式、宽度均不变的情况下，满足避难间最小面积 10m^2 规定，以下将分别探讨不同尺寸、面积对二级亚安全区疏散效果的影响。

　　人员设置方面，根据前文人员设置，优先选择进入横向通道，而后利用二级竖向疏散设施的人员占比 50%，且各二级竖向疏散设施平分水平通道人员，得到进入各层二级亚安全区人数为 70 人。人员行为方面，设定 50% 人员需要停留休息，另外 50% 直接进入二级竖向疏散设施进行疏散。

二级亚安全区不同面积工况设置数据表

表 4.30

	尺寸（mm）	面积（m²）	人员密度（m²/人）	疏散人数（人）
方案 A	2000×7000	14	0.2	70
方案 B	3000×7000	21	0.3	70
方案 C	4000×7000	28	0.4	70
方案 D	6000×7000	42	0.6	70
方案 E	8000×7000	42	0.8	70

表格来源：作者自绘

　　对比疏散总用时及人数变化，随着二级亚安全区纵向宽度扩大，其疏散时间呈现出先减少后增大的趋势，而离开通道用时则随着宽度扩大而逐渐减小，在达到一定数值后变化不再明显。对比疏散过程（表 4.31）可知，在二级亚安全区面积较小情况下，该区域无法容纳所有需要休息的人员，因此有部分疏散人员停留在通道入口处；当纵向宽度扩大时，二级亚安全区中所能容纳的人员增大（图 4.38）。因此其面积控制在一定数值内，能够缓解二级竖向疏散设施入口的拥挤程度，从而提高整体疏散效率。但当宽度大于 6000mm 后，由于疏散路径也随之延长，这使得人员在二级亚安全区中移动时间也会随之增加。在该方案中，宽度选择 3000～4000mm（密度 0.3～0.4m²/人）左右是较为合适的（图 4.39、图 4.40）。

二级亚安全区不同面积工况下疏散过程对比

表 4.31

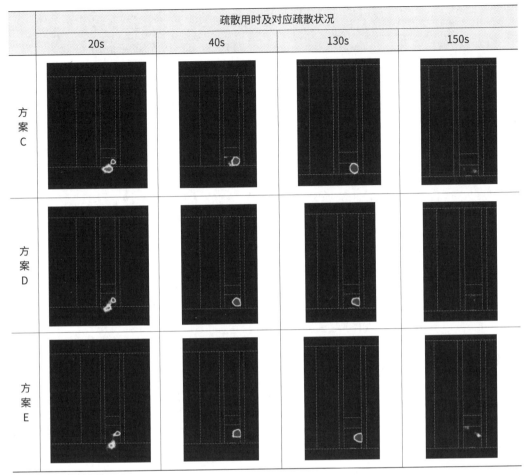

疏散用时及对应疏散状况			
20s	40s	130s	150s
方案C			
方案D			
方案E			

表格来源：作者自绘

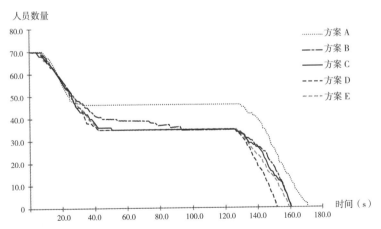

图 4.38　二级亚安全区不同面积工况下疏散总用时
图片来源：作者自绘

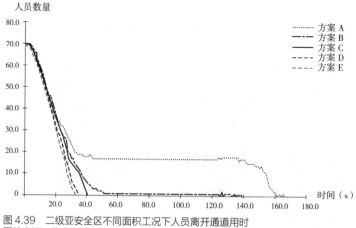

图4.39　二级亚安全区不同面积工况下人员离开通道用时
图片来源：作者自绘

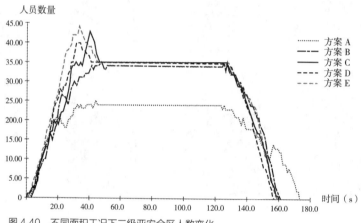

图4.40　不同面积工况下二级亚安全区人数变化
图片来源：作者自绘

3）三级亚安全区面积设置

三级亚安全区是硐室与水平通道之间连接的缓冲空间，因此被置于硐室走廊的两端。《人民防空工程设计防火规范》GB 50098规定防火分区至避难走道入口处应设置前室，且其面积不应小于6m²；《建筑设计防火规范》GB 50016中也规定公共建筑的防烟楼梯前室面积不应小于6m²。因此，将6m²设置为三级亚安全区面积最小值，建立表4.32所示的不同模拟设置。人员设置方面，设置115人平均分布至硐室内部，依据人员分布情况计算所得平均值，将选择主要出口（连接主要通道）的人数设置为74人，选择次要出口（连接次要通道）的疏散人数设置为 41 人。根据模拟结果，次要出口处人员拥挤程度不明显，因此此处以主要出口前室作为研究对象，次要出口尺度统一设置为 2000mm×3000mm。

三级亚安全区（主入口前室）不同面积工况设置数据表　　表 4.32

	尺度（mm）	面积（m²）	疏散人数（人）
方案 A	2000×3000	6	74
方案 B	2000×4500	9	74
方案 C	2000×6000	12	74

表格来源：作者自绘

对比人员离开硐室的总疏散时间（图 4.41）和离开硐室内走道时间（图 4.42），随着前室面积扩大，其人员疏散用时变化平缓。参考疏散过程（表 4.33），当前室与硐室走道的连接处与房间门口位置相对接近时，该区域的人员会产生较为明显的拥挤情况，这使得房间内的人员的疏散速率会受到影响。因此，在三级亚安全区的普通前室设置方面，其面积对整体疏散影响不大，但房间之间的开门间距需要进行合理控制，以此保障人员能够快速从危险的房间内部疏散出来。

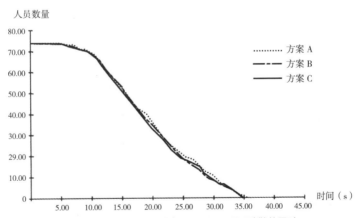

图 4.41　三级亚安全区（主入口前室）不同面积工况下疏散总用时
图片来源：作者自绘

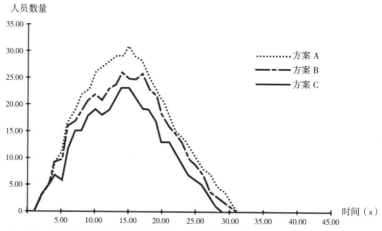

图 4.42　三级亚安全区（主入口前室）不同面积工况下离开碉室走廊用时
图片来源：作者自绘

三级亚安全区（主入口前室）不同面积工况下疏散过程对比　　　　　　　　　表 4.33

	疏散用时及对应疏散状况			
	5s	10s	15s	20s
方案 A				
方案 B				
方案 C				

表格来源：作者自绘

　　　　　　　　　　　　　　　　　　　　　　　亚安全区条件下城市深层地下建筑空间模型建构

4.4.3　分级条件下亚安全区位置分布对疏散的影响

　　为了探讨亚安全区的分级设置以及分级之后各级亚安全区所处位置对疏散过程的影响，设立无亚安全区、仅设一级亚安全区、仅设一级和三级亚安全区、仅设一级和二级亚安全区、各级亚安全区配合设置等五类工况，通过对比人员疏散过程以及对应数据结果进行验证。在人员行为设置方面，规定人员需要在一级垂直交通体及二级隧道楼梯间入口处各有 50% 人员需要休息 2min，硐室前室仅供人员移动；数量方面，设置二、三、四层硐室人员 50% 通过硐室内部交通体移动至一层硐室，50% 优先选择进入各级水平通道，再利用各级竖向疏散设施疏散至一层水平通道，竖向疏散设施平分水平通道内的疏散人员。模拟场景选择在地下空间第一层，是疏散过程的靠后阶段，即所有人员汇集在该层后向一级亚安全区移动，最后疏散至地面安全区域。在起始过程中，一层硐室人员均匀分布在各自硐室内部，而二、三、四层人员被设置在一层不同竖向疏散设施出入口，在确立人数后，通过人员源点设置不断汇入第一层的疏散体系中。所有工况中的疏散设施选择及数量设置均一致。此外，默认人员在进入亚安全区后选择直接移动至疏散设施附近，进入疏散设施后即视为疏散成功。

1）无亚安全区设置的疏散效果

　　无亚安全区设置方案见图 4.43，整体疏散过程如表 4.34 所示。当灾害发生后，位于不同位置的人员利用疏散网络进行移动，最终汇流至与地面相接的垂直疏散设施处等待疏散。

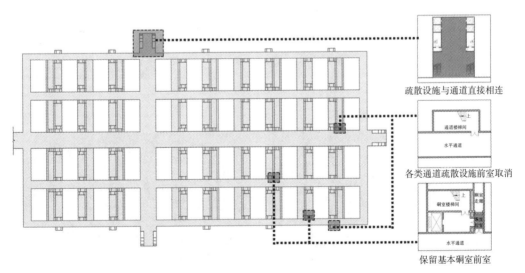

疏散设施与通道直接相连

各类通道疏散设施前室取消

保留基本硐室前室

图 4.43　无亚安全区工况（方案 A）设置示意图
图片来源：作者自绘

方案 A 未设置亚安全区，因此在人员全部进入与地面直接相接的疏散设施后才视为人员进入安全区域，该过程总用时为 1074s。在疏散过程的靠后阶段，当人员移动至一级疏散设施处等待移动至地面时，人群的等待行为以及后续源源不断的人员抵达使得该区域形成较大的人群汇流，随着时间推进，该区域逐渐扩大，甚至会蔓延至其他通道空间；由于该疏散空间被设置于端头，一旦人员向内移动，位于里侧等待的人员将会受到不同程度的人群挤压，由此带来较大的安全隐患。

方案 A 疏散用时及对应疏散状况   表 4.34

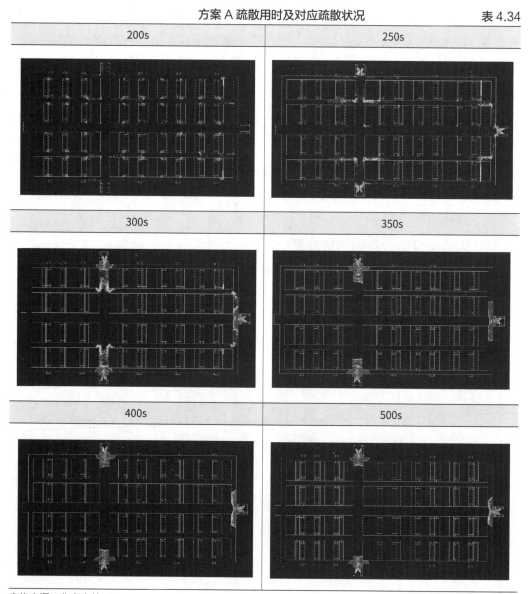

表格来源：作者自绘

2）仅设一级亚安全区

方案 B 在方案 A 的基础上，仅在与地面直接连接的一级垂直交通体处设有一级亚安全区，其余设置与方案 A 保持一致（图 4.44）。灾害发生后，人员分别从不同位置进入水平通道中，最后通过水平通道移动至一级亚安全区中等待疏散。由于亚安全区自身采取对应的安全保障措施，因此在疏散过程中，人员一旦离开通道、进入亚安全区内即被视为处于相对安全区域。

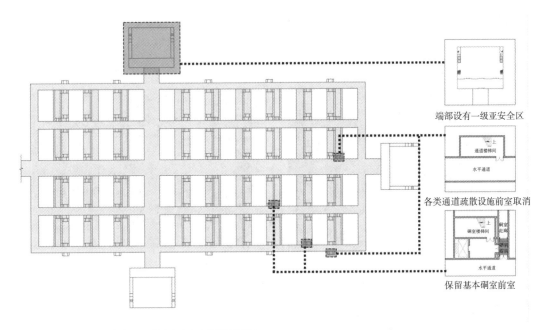

端部设有一级亚安全区

各类通道疏散设施前室取消

保留基本硐室前室

图 4.44　仅设一级亚安全区工况（方案 B）设置示意图
图片来源：作者自绘

方案 B 的整体疏散时间用时为 673s，其中人员全部离开通道的用时为 416s。在该过程中（表 4.35），由于设有一级亚安全区、提供了一定的缓冲空间以及等候休息空间，因此人员在通道端部的拥挤情况被改善，但由于其余位置并未设有亚安全区，因此在深层地下空间内部疏散中，其内部交通体与通道的交会处仍然存在人群拥挤的情况。

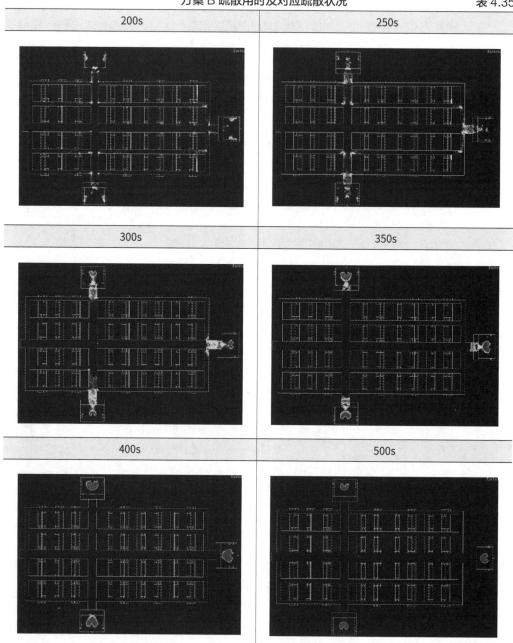

200s	250s
300s	350s
400s	500s

表格来源：作者自绘

3）仅设一级亚安全区和三级亚安全区

方案 C 在方案 B 的基础上，在隧道楼梯间入口处增设三级亚安全区（不提供休息空间），同时增强硐室前室的安全保障措施，其余设置与方案 B 保持一致（图 4.45）。

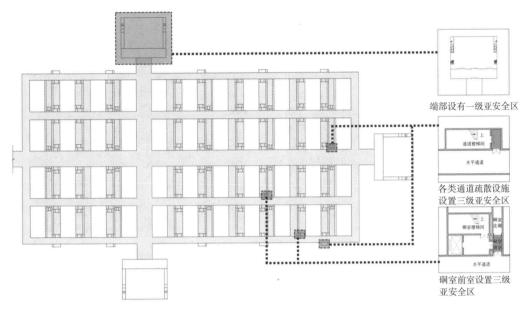

图 4.45　设一级亚安全区和三级亚安全区工况（方案 C）设置示意图
图片来源：作者自绘

  方案 C 疏散总用时为 668s，其中人员全部离开通道、进入一级亚安全区内的用时为 412s，与方案 B 用时接近。在该疏散过程中（表 4.36），除去前文所提到的一级亚安全区对疏散人员的安全及疏散效率提升之外，由于各处硐室竖向疏散设施出入口处设有三级亚安全区，因此硐室竖向疏散设施内部人员的环境安全得到一定保障，但由于并未设有足够的休息空间，因此部分需要休息的疏散人员仍然会在入口处停留，由此造成拥挤，导致后续人员无法顺利利用硐室竖向疏散设施进行疏散（图 4.46）。

方案 C 疏散用时及对应疏散状况　　　　表 4.36

200s	250s

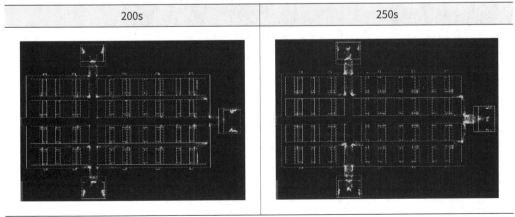

300s	350s
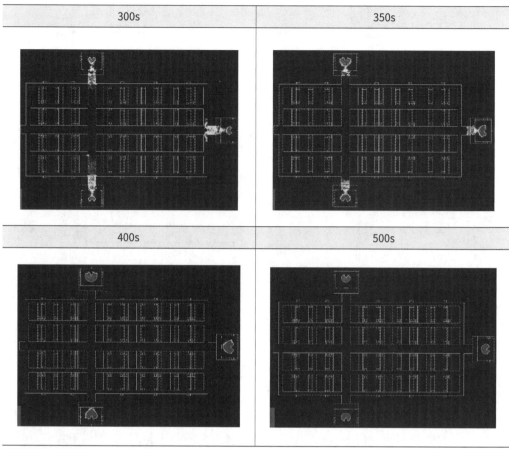	

400s	500s

表格来源：作者自绘

图 4.46 硐室竖向疏散
设施出入口拥堵
图片来源：作者自绘

4）仅设一级亚安全区和二级亚安全区

方案 D 在方案 B 的基础上，将硐室前室扩大形成二级亚安全区，以此留有休息空间，同时在二级竖向疏散设施出入口处也增设二级亚安全区，其余设置与方案 B 保持一致（图 4.47）。

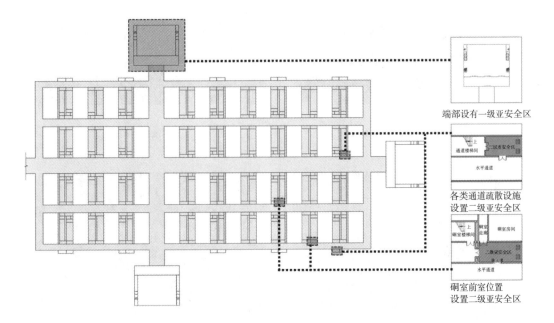

图 4.47　设一级亚安全区和二级亚安全区工况（方案 D）设置示意图
图片来源：作者自绘

方案 D 疏散总用时为 662.3s，其中人员全部离开水平通道、进入一级亚安全区内的用时为 396s。在该疏散过程中（表 4.37），由于二级竖向疏散设施出入口处设有额外的休息空间，因此部分需要休息的人员能够在相对安全的二级亚安全区内进行停留休息，同时空间的扩大也使得停留休息的人员不再影响继续疏散的人员，因此该处的拥挤情况得到改善。在硐室前室位置，由于位于疏散的起点，经过该处的疏散人员体力充沛，并不需要停留休息，因此在疏散过程中，空间扩大能够在一定程度上容纳更多的疏散人员，但更多的休息空间并未得到充分利用（图 4.48），同时这样设置也会压缩硐室内其他的使用空间，存在一定的空间浪费。

方案 D 疏散用时及对应疏散状况

表 4.37

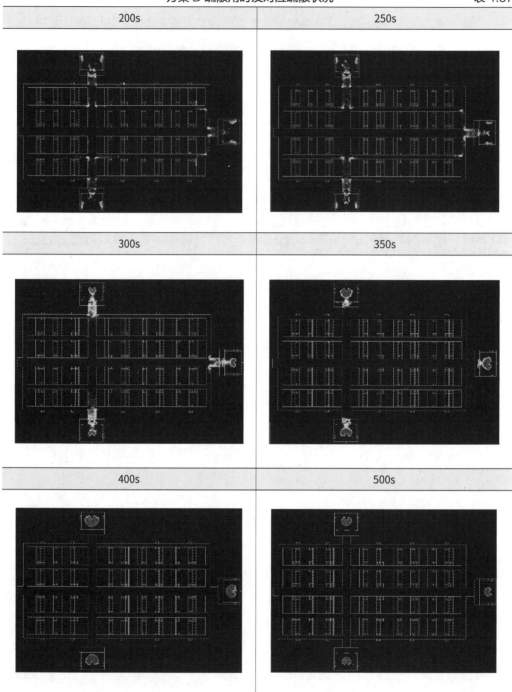

表格来源：作者自绘

亚安全区条件下城市深层地下建筑空间模型建构

图 4.48 硐室前室疏散概况
图片来源：作者自绘

5）各级亚安全区配合设置

方案 E 是在方案 B 的基础上，依据人员疏散行为与数量，结合各级亚安全区功能，在二级竖向疏散设施出入口处增设二级亚安全区，在硐室前室处配备三级亚安全区（图 4.49）。

方案 E 疏散总用时为 665.2s，其中人员全部离开通道、进入一级亚安全区内的用时为 398.7s。从疏散用时上看（表 4.38），方案 E 与方案 D 用时接近，从疏散过程来看（表 4.39），由于贴合人员疏散需求，也使得与二级、三级亚安全区连接的竖向疏散设施、硐室内部人员更加高效地进入水平通道，从而提升整体的疏散效率，疏散人员能够在各人群交会处进行较为有序的疏散，同时不再形成空间浪费。

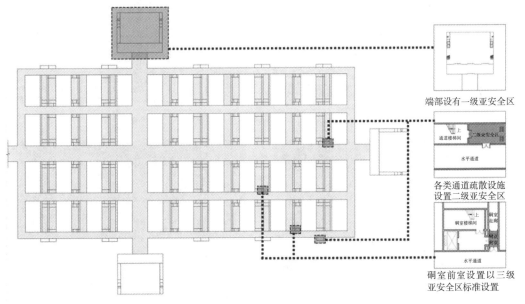

图 4.49 各级亚安全区配合工况（方案 E）设置示意图
图片来源：作者自绘

分级条件下各工况疏散用时对比 表 4.38

	方案 A	方案 B	方案 C	方案 D	方案 E
人员离开通道用时	1074s	416s	412s	396s	398.7s
人员全部疏散完毕用时		673s	668s	662.3s	665.2s

表格来源：作者自绘

方案 E 疏散用时及对应疏散状况 表 4.39

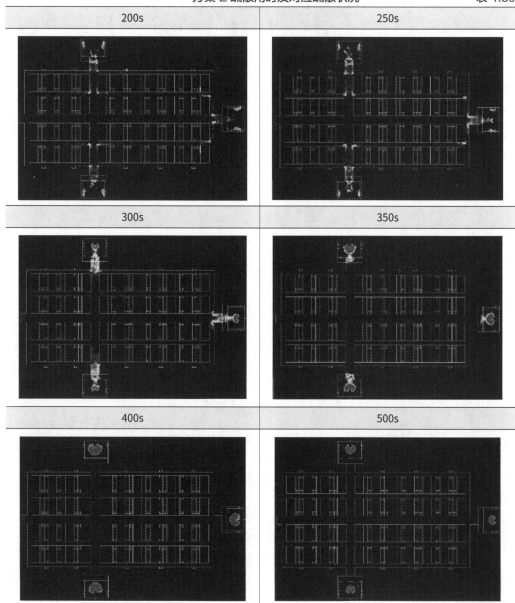

表格来源：作者自绘

Underground
Building
Space

5

不同深层地下建筑空间模型运用

在前文相关模拟设计方式基础上，建立不同规模及形态的深层地下建筑空间模型，用以验证本书提出的在安全疏散场景中的有效性。

5.1　水平通道组合扩大版模型

在模型标准版的基础上，在与一、二级疏散通道交叉节点处设置过厅、形成过渡空间（图 5.1），可防止烟气、热气等不利因素蔓延，以进一步提高一级疏散通道的安全性，实现分级模型在水平横向的扩大。

依据前文提出的疏散安全时间、人员行走疲劳度等条件，规定任一硐室的安全出口进入一级疏散通道的水平疏散距离不超过 300m。横向扩大版模型技术经济指标见表 5.1，图 5.2 为其平面图。

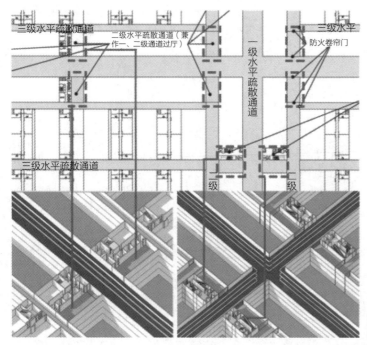

图 5.1　过厅布置示意图
图片来源：作者自绘

类别	设计指标		
施工占地面积	167670.5m²		
总建筑面积	693878.6m²		
硐室单元数量	90		
层数	1F	2～4F	5F
水平疏散通道面积	92750.5m²	82176.5m²	—
第一级疏散通道宽度	19.4m	5.3mm（悬挑通高）	—
第二级疏散通道宽度	13.8m	13.8m	—
第三级疏散通道宽度	9.8m/5.3m	9.8m/5.3m	—
第四级疏散通道宽度	2m		—

表格来源：作者整理自绘

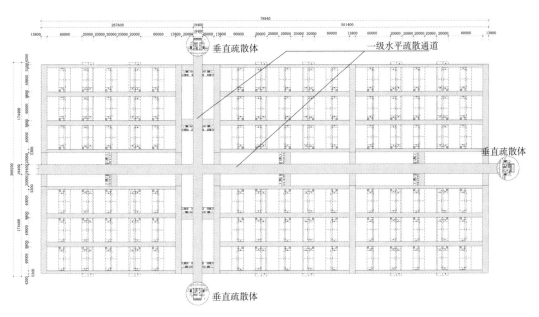

图 5.2 横向扩大版分级模型平面图
图片来源：作者自绘

横向扩大版分级模型的轴侧示意图如图 5.3 所示。

在该模型当中，单个硐室中人员数量参照 4.1.2 章节中的人员指标，由 Pathfinder 模拟疏散结果可知，三个分区的疏散人员在 239.8 ～ 284.8s 内均进入了一级疏散通道，满足安全疏散要求。

从竖向疏散角度解读该模型，横向扩大版分级模型相比于基础疏散模型的 36 个硐室，

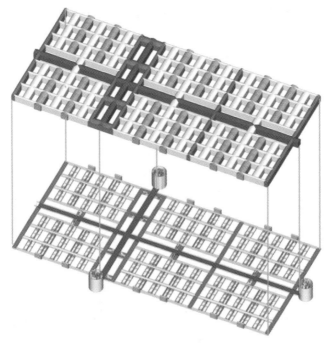

图 5.3　横向扩大版分级模型平面图轴侧示意图
图片来源：作者自绘

硐室数量增加至 90 个硐室，因此从垂直疏散的角度，每个一级竖向疏散设施的疏散人数从原有的 5500 多人增加至 13800 多人。在此基础上进行模拟，模拟结果如图 5.4 所示。

　　从模拟结果可知，图 5.4 中曲线与 x 轴平行部分较多，代表一级竖向疏散设施内人数过多，疏散人员拥堵于一级竖向疏散设施出入口，水平疏散通道内的人员无法畅通地进入一级竖向疏散设施。因此需要采取措施减少竖向疏散设施内部人员密度，有以下两种方案：

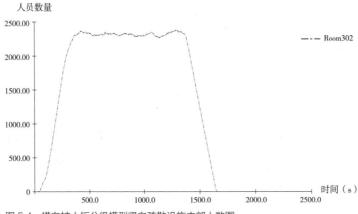

图 5.4　横向扩大版分级模型竖向疏散设施内部人数图

　　　　　　　　　　　　　　　　　　　亚安全区条件下城市深层地下建筑空间模型建构

①增加一级竖向疏散设施数量。横向扩大版分级模型增加了硐室数量而一级竖向疏散设施数量没有相应增加，而无法满足需求，因此可以增加一定数量的一级竖向疏散设施以满足疏散需求。

②将一级水平疏散通道列为疏散人员集散亚安全区。一级水平疏散通道高度较高，内有相应的避难设施，因此可将一级水平疏散通道列为疏散人员集散亚安全区，以此为条件，该模型满足疏散需求。

下面两类模型与横向扩大版分级模型的竖向疏散模式逻辑类似，因此不进行重复的分级模拟，仅针对疏散效果进行讨论。

5.2 地下厂房模型

工厂模型基于地下厂房硐室群布置方式，在本书基本模型基础上对相应辅助硐室及规模进行调整，最后得到由 2 个分别置于不同方向的一级垂直疏散体、主厂房、副厂房、辅助硐室、交通硐室等所组成的地下厂房模型，本书仅对相应空间形式下的建筑疏散方式及效果进行模拟，因此不再探讨地下厂房详细布置情况。

相比于基本模型，地下厂房模型的一级垂直疏散体数量减少，依据原有人员移动路径水平最长距离300m指标，对硐室数量进行缩减，保证各个最不利疏散位置均能满足此要求；此外，该模型拥有一个主厂房与一个副厂房，其余各类硐室平面及楼层设置均与原有模型保持一致（图5.5）。在该模型中，共设有8栋交通硐室、8栋普通硐室，其余为厂房硐室，硐室总建筑面积为 19200m²，厂房人员数量以《建筑设计防火规范》GB 50016 条中人数较多的丙类厂房为参考，并考

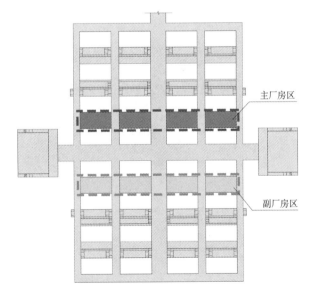

主厂房区

副厂房区

图5.5 工厂模型设置示意图
图片来源：作者自绘

虑到地下建筑使用环境，以 1 人 /m² 的人员密度进行计算，其余硐室人数依据前表计算，最后得到该方案总疏散人数为 11802 人。

　　该模型总疏散用时为 583.9s，当灾害发生后，人员分别从普通硐室及各厂房中进入水平通道开始疏散，其中人员全部离开水平通道、进入一级亚安全区的用时为 439.3s，整个疏散过程中人员移动较为有序，且人员汇集区域得到有效缓冲，在缩减疏散用时的同时也提高了疏散人员自身的安全性。

5.3　上下叠合模型

　　深层地下空间也可以考虑在同一投影垂直方向上进行叠合，进行深地空间的立体开发利用，上、下层硐室群可利用同一组垂直疏散体进行疏散，采用垂直组合模式，如图 5.6。

　　在该模型当中，单个硐室中人员数量参照 4.1.3 章节中的人员指标，由 Pathfinder 模拟疏散结果可知，三个分区的疏散人员在 239.8 ～ 284.8s 内均进入了一级竖向疏散设施，各区域人员疏散情况有序，满足安全疏散要求。

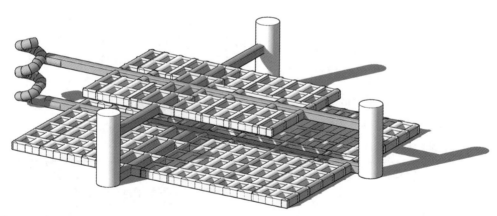

图 5.6　垂直组合形式示意图
图片来源：作者自绘

本书引用标准和规范名录

LIST OF REFERENCED STANDARDS AND
SPECIFICATIONS IN THIS BOOK

本书引用下列标准和规范均未标注日期，其最新版本适用于本书。

[1] 《城市地下空间规划标准》GB/T 51358

[2] 《地铁设计防火标准》GB 51298

[3] 《人行地下通道设计标准》SJG 68

[4] 《办公建筑设计标准》JGJ/T 67

[5] 《城市轨道交通工程设计规范》DB 11/995

[6] 《建筑设计防火规范》GB 50016

[7] 《城市道路工程设计规范》CJJ 37

[8] 《防灾避难场所设计规范》GB 51143

[9] 《人民防空地下室设计规范》GB 50038

[10] 《建筑防火通用规范》GB 55037

[11] 《地铁安全疏散规范》GB/T 33668

[12] 《铁路隧道防灾救援疏散工程设计规范》TB 10020

[13] 《铁路隧道设计规范》TB 10003

[14] 《公路隧道设计规范》JTG D70

[15] 《重庆市地铁设计规范》DBJ 50-244

[16] 《公路隧道消防技术规范》DB 43/729

[17] 《汽车库、修车库、停车场设计防火规范》GB 50067

[18] 《城市地下道路工程设计规范》CJJ 221

[19] 《人员密集场所消防安全管理》XF 654

[20] 《商店建筑设计规范》JGJ 48-88

[21] 《道路隧道设计规范》DG/TJ 08-2033

[22] 《公路隧道设计细则》JTG/T D70

[23] 《地铁设计规范》GB 50157

[24] 《城市地下综合体设计规范》DG/TJ 08—2166

[25] 《电梯用于紧急疏散的研究》GB/Z 28598

[26] 《特殊设施工程项目规范》GB 55028

[27] 《人民防空工程设计防火规范》GB 50098

[28] 《剧场建筑设计规范》JGJ 57

[29] 《民用机场航站楼设计防火规范》GB 51236

[30] 《煤炭工业矿井设计规范》GB 50215

参考文献

REFERENCE

[1] 苗苗 . 英国将地下防空洞变为农场 [J]. 科学大观园，2015(23)：9.

[2] 李溪，杨晓霞，向旭，等 . 国外洞穴医疗研究综述 [J]. 中国岩溶，2014，33(3)：379-385.

[3] 冯夏庭，吴世勇，李邵军，等 . 中国锦屏地下实验室二期工程安全原位综合监测与分析 [J]. 岩石力学与工程学报，2016，35(4)：649-657.

[4] 束昱 . 地下空间资源的开发与利用 [M]. 上海：同济大学出版社，2002.

[5] 陈学峰，刘建友，吕刚，等 . 京张高铁八达岭长城站建造关键技术及创新 [J]. 铁道标准设计，2020，64(1)：21-28.

[6] Tamura Hideaki. Japan's deep underground utilization [R]. Shanghai: Urban Underground Space Academic Exchange Conference, 2004.

[7] Sterling R, Carmody J. Underground space design [M]. Van Nostrand Reinhold Company, 1993.

[8] Tan Y H. Unveiling the underground development & planning in Singapore [R]. Qingdao: The 5th International Academic Conference on Underground Space, 2017.

[9] 北京市规划委员会 . 北京地下空间规划 [M]. 北京：清华大学出版社，2006.

[10] 郭东军，谢金容，张琛浩，等 . 城市地下深层空间研究动态及利用规划思考 [J]. 地下空间与工程学报，2022，18(6)：1751-1757.

[11] Chien S I, Korikanthimath V V. Analysis and modeling of simultaneous and staged emergency evacuations [J]. Transportation Engineering, 2007, 133(3): 190-197.

[12] Bohannon J. Directing the herd: Crowds and the science of evacuation [J]. Science, 2005, 310(5746): 219-221.

[13] Helbing D, Johansson A, Al-Abideen H Z. Dynamics of crowd disasters: An empirical study[J]. Physical Review E, 2007, 75(4): 046109.

[14] Helbing D, Buzna L, Johansson A, et al. Self-organized pedestrian crowd dynamics: Experiments, simulations, and design solutions [J]. Transportation Science, 2005, 39(1): 1-24.

[15] Sime J D. Crowd psychology and engineering [J]. Safety Science, 1995, 21(1): 1-14.

[16] Proulx G. Movement of people: the evacuation timing [J]. SFPE Handbook of Fire Protection Engineering, 2002, 3.

[17] Pauls J L. Building evacuation: research findings and recommendations[J]. Fires and Human Behaviour, 1980: 251-275.

[18] Chen X, Zhan F B. Agent-based modelling and simulation of urban evacuation: relative effectiveness of simultaneous and staged evacuation strategies [J]. Operational Research Society,

2008, 59(1): 25-33.

[19] Zhai L. The Comparison of Total and Phased Evacuation Strategies for a High-rise Office Building [D]. University of Maryland, College Park, 2019.

[20] Koo J, Kim Y S, Kim B I, et al. A comparative study of evacuation strategies for people with disabilities in high-rise building evacuation [J]. Expert Systems with Applications, 2013, 40(2): 408-417.

[21] 王大川，周铁军，张海滨，等 . 基于亚安全区的深层地下空间疏散组织策略 [J]. 新建筑，2021(1)：47-52.

[22] 潘高，王大川，周铁军，梁正 . 深层地下车站疏散安全挑战及组织策略探析 [J]. 地下空间与工程学报，2022，18(4)：1051-1061+1074.

[23] 吴和俊，郭伟，路世昌 . 地下商业建筑避难走道疏散设计 [J]. 消防科学与技术，2014，33(1)：51-53.

[24] 祁晓霞 . 大型商业综合体建筑"亚安全区"设计探讨 [J]. 消防科学与技术，2013，32(1)：25- 28.

[25] 杨贺明，曹旭艳，倪宁 . 大型地下综合体建筑疏散设计模拟分析 [J]. 消防科学与技术，2018，37(8)：1076-1078.

[26] 季经纬，王禛，王可，等 . 内外出口宽度对避难通道疏散能力的影响 [J]. 沈阳建筑大学学报（自然科学版），2013，29(4)：698-702.

[27] 刘韧 . 避难通道在大型、特大型地下汽车库中的应用探讨 [J]. 甘肃科技纵横，2016，45(11)：68-69+63.

[28] 冯瑶，朱国庆，刘淑金，等 . 含避难走道的综合体建筑防火性能化分析 [J]. 消防科学与技术，2014，33(9)：1022-1025.

[29] 于丽，刘雨竹，郭晓晗，等 . 基于故障树方法的铁路隧道紧急救援站间距分析 [J]. 铁道标准设计，2022，66(2)：111-116.

[30] Ying Zhen Li, Bo Lei, Haukur Ingason. Erratum to: Theoretical and Experimental Study of Critical Velocity for Smoke Control in a Tunnel Cross-Passage [J]. Fire Technology, 2014, 50(5).

[31] 李旭，姜学鹏，袁月明 . 地铁隧道火灾人员最佳逃生时间研究 [C]// 中国铁道学会车辆委员会 . 轨道客车安全防火及阻燃技术学术研讨会论文集 .[出版者不详]，2014：27-31.

[32] 杨洁，吴丹，李小红 . 国内外城市轨道交通车站通行设施规范对比 [J]. 城市轨道交通研究，2012，15(4)：8-10.

[33] 北京市政设计院城市道路设计规划 [Z]. 北京：北京市政设计院，2006.

[34] 王建军，王吉平，彭志群 . 城市道路网络合理等级级配探讨 [J]. 城市交通，2005，3（1）：37-42.

[35] 周竹萍 . 基于交通方式分担的城市道路等级配置方法研究 [D]. 南京：东南大学，2009.

[36] 杨晓光，杨佩昆，饭田恭敬 . 关于城市高速道路交通动态控制问题的研究 [J]. 中国公路学报，1998(2)：76-87.

[37] Ford L R Jr, Fulkerson D R. Communication, transmission and transportation network [M]. New

York: Addisowvesley, 1971.

[38] 傅小娇. 城市防灾疏散通道的规划原则及程序初探 [J]. 城市建筑，2006(10)：90-92.

[39] BSI.BS 9999-2017 Fire safety in the design, management and use of buildings. Code of practice [S]. BSI Standards Limited, 2017.

[40] Alireza Soltanzadeh, Matin Alaghmandan, Hossein Soltanzadeh. Performance evaluation of refuge floors in combination with egress components in high-rise buildings [J]. Building Engineering, 2018, 19.

[41] Soltanzadeh Alireza, Mazaherian Hamed, Heidari Shahin. Optimal solutions to vertical access placement design in residential high-rise buildings based on human behavior [J]. Building Engineering, 2021, 43.

[42] 范臣，陈涛. 避难层停留时间对超高层建筑人员疏散的影响 [J]. 消防科学与技术，2020，39(8)：1085-1089.

[43] 栗婧，金龙哲，汪声. 基于应急避难空间的矿山安全防护体系研究 [J]. 中国安全科学学报，2010，20(4)：155-159.

[44] Shao Zhixuan, Yang Yu Cheng, Kumral Mustafa. Optimal refuge chamber position in underground mines based on tree network [J]. Injury Control and Safety Promotion, 2023.

[45] 黄军利. 煤矿井下避难硐室位置优化及应用研究 [D]. 徐州：中国矿业大学，2018.

[46] 陈明利，陈川南，孙芸芸. 城市体育馆应急避难服务能力评价研究 [J]. 中国安全生产科学技术，2019，15(9)：176-181.

[47] Chu J, Su Y. The Application of TOPSIS Method in Selecting Fixed Seismic Shelter for Evacuation in Cities [J]. Systems Engineering Procedia, 2012(3): 391-397.

[48] 陈晨. 大城市避灾绿地布局现状与优化选址 [D]. 长春：东北师范大学，2016.

[49] Aman Doga Dinemis, Aytac Gulsen. Multi-criteria decision making for city-scale infrastructure of post-earthquake assembly areas: Case study of Istanbul [J]. Disaster Risk Reduction, 2022, 67.

[50] Yunjia Ma, Wei Xu, Lianjie Qin, et al. Emergency shelters location-allocation problem concerning uncertainty and limited resources: a multi-objective optimization with a case study in the Central area of Beijing, China [J]. Geomatics, Natural Hazards and Risk, 2019, 10(1).

[51] Chawis Boonmee, Mikiharu Arimura, Takumi Asada. Facility location optimization model for emergency humanitarian logistics [J]. Disaster Risk Reduction, 2017, 24.

[52] Kilci, F, Kara, B Y, Bozkaya, B. Locating temporary shelter areas after an earthquake: A case for turkey [J]. Eur. J. Oper. Res., 2015, 243 (1): 323–332.

[53] Pavankumar Murali, Fernando Ordóñez, Maged M. Dessouky. Facility location under demand uncertainty: Response to a large-scale bio-terror attack [J]. Socio-Economic Planning Sciences, 2011, 46(1).

[54] Bayram, V, Yaman, H. Shelter location and evacuation route assignment under uncertainty: A benders decomposition approach [J]. Transportation Science, 2018, 52 (2), 416–436.

[55] Kinateder M T, Omori H, Kuligowski E D. The use of elevators for evacuation in fire emergencies in international buildings [M]. US Department of Commerce, National Institute of Standards and Technology, 2014.

[56] NFPA101 Life Safety Code（NFPA101—2018)[Z]. 2018.

[57] BS9999 Fire Safety in the design management and use of building-code of practice 2017 [Z]. 2017.

[58] 张宏, 李杰, 吕宜生. 突发公共事件应急交通研究综述 [J]. 安全与环境工程, 2014, 21(5): 164-169.

[59] 王尧. 综合交通换乘中心工程安全疏散设计对亚安全区的应用 [J]. 中国公共安全（学术版）, 2011, 22(1): 53-56.

[60] 郑良锋, 傅胜兰, 黄志强. 议"亚安全区"在城市商业综合体的应用 [J]. 消防科学与技术, 2011, 30(12): 1134-1136.

[61] 庞集华. 亚安全区特点及工程应用探讨 [J]. 消防科学与技术, 2014, 33(7): 759-762.

[62] 袁大军. 地下空间的发展与盾构技术 [J]. 工程机械与维修, 2016(5): 46-48.

[63] 贾建伟, 彭芳乐. 日本大深度地下空间利用状况及对我国的启示 [J]. 地下空间与工程学报, 2012, 8(S1): 1339-1343.

[64] 胡涛, 阳军生, 柏署, 等. 都安高速公路大断面隧道分部台阶法快速施工技术研究 [J]. 施工技术（中英文）, 2022, 51(12): 77-80+87.

[65] J.B. Martino, N.A. Chandler. Excavation-induced damage studies at the Underground Research Laboratory [J]. Rock Mechanics and Mining Sciences, 2004, 41(8).

[66] 雷明林, 黄伦海, 郝坤. 特大断面隧道扩建施工监控技术 [J]. 公路交通技术, 2011, 96(5): 111-116+120.

[67] 潘辉. 地下实验室基坑混凝土工艺浅析——中国锦屏地下实验室二期扩建工程 [J]. 中外建筑, 2016(10): 124-126.

[68] 潘辉. 地下实验室隧道扩挖工艺分析——中国锦屏地下实验室二期扩建工程 [J]. 中外建筑, 2016(11): 119-121.

[69] 赵星光 . 中国北山地下实验室开工建设 [J]. 世界核地质科学，2021，38(3)：364.

[70] 矫阳 . "北山一号"成功完成首次地下转弯 [N]. 科技日报，2023-05-30(003).

[71] Jian-Ping Cheng, Ke-Jun Kang, Jian-Min Li, et al. The China Jinping Underground Laboratory and Its Early Science [J]. Annual Review of Nuclear and Particle Science, 2017, 67(1).

[72] 贺永胜，孔福利，范俊奇，等 . 国际深地下实验室发展综述及深地下防护实验室建设构想 [J]. 防护工程，2018，40(1)：69-78.

[73] 黄书岭，王继敏，丁秀丽，等 . 基于层状岩体卸荷演化的锦屏 I 级地下厂房硐室群稳定性与调控 [J]. 岩石力学与工程学报，2011，30(11)：2203-2216.

[74] 范剑才，赵坚，赵志业 . 新加坡 NTU 深层地下空间规划探讨 [J]. 地下空间与工程学报，2016，12(3)：600-606.

[75] 张威，孙晓乾 . 多地块地下公共通道消防设计初探 [J]. 消防科学与技术，2015，34(12)：1610-1612.

[76] 亢智毅，黄琪 . 上海国家会展中心消防设计策略研究 [J]. 新建筑，2017(4)：87-91.

[77] 贺春宁，乔宗昭，沈婕青 . 隧道横向连接通道设置 [J]. 地下工程与隧道，2005(3)：57-60.

[78] 陈智聪 . 城市地下道路逃生救援系统有效性研究 [D]. 北京：北京交通大学，2016.

[79] 张艳，郑岭，高捷 . 城市防震避难空间规划探讨——以西昌市为例 [J]. 规划师，2011，27(8)：19-25.

[80] 杨建博 . 基于 Pathfinder 的商业综合体安全疏散仿真研究 [J]. 中国安全生产，2021，16(4)：54-55.

[81] 吕雷，程远平，王婕，等 . 对学校教学楼疏散人数及疏散速度的调查研究 [J]. 安全，2006(1)：10-13.

[82] 张涛，吕淑然 . 大型教学楼紧急疏散仿真模拟研究 [J]. 消防科学与技术，2015，34(6)：747-749.

[83] Fujiyama T, Tyler N. Predicting the walking speed of pedestrians on stairs [J]. Transportation Planning and Technology, 2010, 33(2): 177-202.

[84] 王卫东，徐中华，宗露丹，等 . 软土地区 56m 深圆形基坑的优化设计与实践 [J]. 建筑结构，2022，52(10)：1-10.

[85] 高亮，孙澄，斯托夫斯·卢迪 . 基于计算性设计思维的超高层办公建筑及其核心筒设计探讨 [J]. 建筑学报，2020(10)：116-119.DOI:10.19819/j.cnki.ISSN0529-1399.202010018.

[86] 范臣，陈涛 . 避难层停留时间对超高层建筑人员疏散的影响 [J]. 消防科学与技术，2020，39(8)：1085-1089.

[87] Nelson H E, Morer F W. Emergency movement [C] // Dinenno P J. SFPE Handbook of Fire Protection Engineering. 3rd Edition. Quincy , Massachusetts : National Fire Protection Association, 2002 : 3-286-3-295.